U0314964

抗菌性氧化锌薄膜材料

徐姝颖　著

本书数字资源

北　京
冶金工业出版社
2022

内 容 提 要

本书较为全面地阐述了 ZnO 薄膜的制备方法、性能及应用领域，并以减少材料表面生物被膜黏附为主要切入点，详细地论述了不同基底材料表面 ZnO 薄膜的制备以及 ZnO 薄膜的疏水性、抑制生物被膜黏附和抗菌性能。

本书可供从事抗菌功能材料及食品保鲜材料的科研及技术人员参考，同时可作为高等院校相关专业的教学参考书。

图书在版编目 (CIP) 数据

抗菌性氧化锌薄膜材料/徐姝颖著 . —北京：冶金工业出版社，2022. 3
ISBN 978-7-5024-9067-6

Ⅰ . ①抗… Ⅱ . ①徐… Ⅲ . ①抗微生物性—氧化锌—薄膜—工程材料
Ⅳ . ①TB383

中国版本图书馆 CIP 数据核字 (2022) 第 030993 号

抗菌性氧化锌薄膜材料

出版发行	冶金工业出版社	电 话	(010)64027926
地 址	北京市东城区嵩祝院北巷 39 号	邮 编	100009
网 址	www. mip1953. com	电子信箱	service@ mip1953. com

责任编辑 于昕蕾 美术编辑 彭子赫 版式设计 郑小利
责任校对 李 娜 责任印制 李玉山
三河市双峰印刷装订有限公司印刷
2022 年 3 月第 1 版，2022 年 3 月第 1 次印刷
710mm×1000mm 1/16；8.5 印张；162 千字；126 页
定价 56.00 元

投稿电话 (010)64027932 投稿信箱 tougao@ cnmip. com. cn
营销中心电话 (010)64044283
冶金工业出版社天猫旗舰店 yjgycbs. tmall. com
(本书如有印装质量问题，本社营销中心负责退换)

前　　言

目前，纳米 ZnO 薄膜材料的制备、器件开发与物理化学性质的理论研究都获得了显著的进展，元素掺杂、表面修饰以及微观形貌的构建等是改善材料性质的有效途径。许多研究表明，在不锈钢、钛合金、玻璃、硅片、聚丙烯、柔性高分子材料和棉织物等基底表面制备的纳米 ZnO 薄膜均具有一定的抗菌性及抑制生物被膜黏附性能。如在医用植入物表面制备纳米 ZnO 包覆层，提高医用植入物的自抑菌效果和生物相容性等。因此本书对 ZnO 薄膜材料的发展状态，尤其是在 ZnO 薄膜材料的制备以及抑制生物被膜性能等方面提供一个实验研究和理论指导。

近年来，随着细胞学的空前发展，ZnO 抗菌机理研究迅速发展。科研工作者做了大量的工作，在分子水平上论述了 ZnO 纳米颗粒抗菌机理可能是由于接触过程中产生过氧化物而出现的氧化反应杀菌作用。在适宜的环境中，细菌可以附着于固体表面并形成生物膜，引起设备腐蚀及食品污染等，导致巨大的经济损失。而材料表面性质，如粗糙度、微观结构、亲水性、抗菌成分等均影响生物被膜的形成和黏附。纳米 ZnO 薄膜作为一种抗菌涂层，其抗菌及抑制生物被膜黏附性能引起广泛关注。本书作者以减少材料表面生物被膜黏附为切入点，研究了不同基底材料表面 ZnO 薄膜的制备以及 ZnO 薄膜的疏水性、抑制生物被膜黏附和抗菌性能。通过构建具有一定微纳米形貌的 ZnO 薄膜获得具有疏水-超疏水性能表面材料。以水产品腐败希瓦氏菌为指示菌种，研究了 ZnO 薄膜的疏水性能和表面微观形貌特征对其减少或抑制被膜菌在材料表面的黏附和生长的影响。

本书共6章，涵盖了 ZnO 薄膜的制备及应用、抑制生物被膜性能和机理等内容。第 1 章详细介绍了纳米 ZnO 薄膜应用和制备方法、抗菌机理及抑制生物被膜的研究背景；第 2 章介绍了二次阳极氧化法制备多孔阳极氧化铝、sol-gel 法于阳极氧化铝材料表面制备 ZnO 薄膜及其抑制生物被膜性能检测；第 3 章介绍了水热法于不锈钢材料表面制备 ZnO 薄膜和 Ag 掺杂 ZnO 薄膜、表征分析、改性及其抑制生物被膜性能检测；第 4 章分别介绍了在 KCl 反应体系和 CH$_3$OONH$_4$ 反应体系中，采用阴极电沉积法于钛基材料表面 ZnO 薄膜的制备、表征、改性及其抑制生物被膜性能检测；第 5 章对比分析了不同表面形貌及疏水性的 ZnO 薄膜的抑制生物被膜性能差异；第 6 章总结以上研究成果。

本书得到了国家自然科学基金（No. 31371858）和国家重点研发"绿色防腐剂制造关键技术"项目（2016YFD0400805）的资助。同时，在本书编写过程中参考了大量的著作和文献资料，在此，向著作和文献的作者致以真诚的谢意！感谢你们对 ZnO 薄膜材料的研究和发展做出的巨大贡献。

随着 ZnO 薄膜材料制备技术的不断发展及在抑制生物被膜领域的广泛应用，书中的研究方法和研究结论也有待更新和更正。由于编者知识面、科研水平和掌握的资料有限，书中难免有不妥之处，欢迎各位读者批评指正。

徐姝颖

2021 年 7 月于渤海大学

目　　录

1 引　言

1.1　纳米 ZnO 薄膜的概述及应用

纳米薄膜材料因其优良的光学、电学、磁学以及化学等特性，被广泛应用于计算机存储、医药、薄膜电池、染料敏化太阳能电池、耐磨及防护涂层等技术领域[1,2]。ZnO 属于 n 型半导体，有许多优异特性，如大的激子结合能、高能辐射的稳定性、对化学刻蚀的服从性以及对可见光的透光性等，在光电、压电、介电、光催化方面具有广泛的应用前景，成为目前最具有开发潜力的材料之一[3]。由于粉体催化剂成本高、光吸收率低，且难以回收利用，研究者通过一些物理化学参数来调控催化剂薄膜生长，用于各类涂层和器件。目前，纳米 ZnO 薄膜材料的制备、器件开发与物理化学性质的理论研究都获得了显著的进展。本节主要从光催化性能、发光性能、气敏性能及抑菌性能等方面介绍纳米 ZnO 薄膜的应用现状。

1.1.1　在光催化领域的应用

ZnO 是半导体光催化应用领域研究的一种重要材料，具有无毒、催化活性高、氧化能力强等特点，而且来源丰富、价格低廉，通常被认为是 TiO_2 的有效替代品[4]。室温下 ZnO 的直接带隙为 3.37eV，激子结合能为 0.060eV，其光生空穴可氧化分解大部分的有机物，进而降解水溶液中的一些染料以及许多其他的环境污染物。ZnO 薄膜材料的光催化效率稍逊于粉体材料，但便于光催化剂的分离和循环使用。

例如 Portillo-Vélez 等[5]制备的两种形态（纳米片和纳米棒）ZnO 薄膜具有良好的润湿性，在紫外光照射下，对甲基橙具有良好的光催化活性，而且纳米片优于纳米棒。Amrita Ghosh 等[6]报道了 p-CuO/n-ZnO 异质结薄膜在可见光下催化降解有机染料。

在光催化分解水制氢方面，Rekha Dom 等[7]取得突破性进展，其制备的（100）择优取向的 ZnO 薄膜在太阳光照射下能够分解水产生清洁能源-氢气（H_2）。

1.1.2　在染料敏化太阳能电池领域的应用

1991 年瑞士科学家 Grätzel[8]利用多孔纳米结构的 TiO_2 电极材料并在其上涂覆适当的有机染料光敏化剂，成功制备出光电效率为 7.1% 的太阳能电池。ZnO 太阳能电池在效率上低于 TiO_2，但 ZnO 原料容易获得，制备简单，且在纳米 ZnO 薄膜中电子易于输运，其导带与染料 LOMO 更加接近，ZnO 太阳能电池具有应用潜力。1994 年 Redmond 和 Fitzmaurice 等[9]报道了光电转化效率为 0.4% 的染料敏化纳米多孔 ZnO 薄膜太阳能电池。1997 年，I. Bedja 等[10]报道了光电转化效率为 1.2% 的 ZnO 电池，其效率优于染料敏化纳米 Fe_2O_3、SnO_2 和 WO_3 薄膜太阳电池。敏化染料吸附量、敏化染料种类及 ZnO 膜微观形貌等均影响转化效率。Memarian 等[11]采用喷雾热解法，在有 ZnO 缓冲层、450℃煅烧等条件下，制备了光电转化效率达到 7.5% 的 N719 敏化 ZnO 纳米晶太阳能电池。杜丽媛等[12]采用丝网印刷法，通过在 ZnO 浆料中添加乙酸提高阳极薄膜的染料吸附量，以及在薄膜表面引入 TiO_2 保护层的方法制备了阳极膜厚为 22.5μm 的大面积 ZnO 染料敏化太阳能电池，电池的光电转化效率由未经任何处理时的 2.56% 提高到 3.47%。Chang 等[13]通过三苯胺衍生物 W4 与 N719 联合作用获得较宽的吸收波长（400～700nm），W4 与 N719 共同敏化 ZnO 膜，将光电转化效率提高到 4.34%。Lee 等[14]报道了上层为六边形棒状、下层为珊瑚状的双层 ZnO 膜光电阳极的染料（CR147）敏化太阳能电池，效率达到了 6.89%，而 N719 染料敏化太阳能电池效率仅为 3.41%。Ohashi 等[15]报道了低温化学沉积法制备的形貌为花瓣状 ZnO 膜，用于塑料 N719 敏化 ZnO 太阳能电池，其效率为 4.1%。

目前，国内外研究人员从材料成分与微观结构等角度尝试解决染料敏化 ZnO 太阳能电池光电转换效率较低等问题取得了一定的进展，对大幅提高其电池效率具有重要理论意义和工程实用价值。

1.1.3　在传感器领域的应用

ZnO 薄膜常被用来制作传感器的敏感元件，具有响应速度快、集成化程度高、功率低、灵敏度高、选择性好等优点，在气敏、压电、压力及湿度传感等方面具有广阔的应用及发展前景。

1.1.3.1 压力/压电传感器

压力传感器是工业实践中最为常用的一种传感器，其广泛应用于各种工业自控环境，涉及水利水电、铁路交通、智能建筑、航空航天、军工、石化、油井、电力、船舶、机床、管道、医疗等众多行业。通常使用的压力传感器主要是利用压电效应制造而成的，这样的传感器也称为压电传感器。压力传感器对外界环境施加的力具有很高的灵敏度，并可以把力转换成其他可输出的光信号或电信号来表征。

Chang 等[16]采用磁控溅射法于 $SiO_2/(100)Si$ 基底上制备了高度 c 轴择优取向的 ZnO 薄膜，其电阻率随压力变化。其制作的压力传感器可在高温下工作，用来测定气流入口处的气压值。Kuoni 等[17]研制出一种新型的液流压力 ZnO 薄膜传感器，其敏感元件为硅基聚酰亚胺薄片上涂覆的一层 ZnO 薄膜，该装置对流速在 $30\sim300\mu L/h$ 范围内的液流压力变化敏感，能够准确测量 nL 和次 nL 冲程的体积，适合于小剂量的应用。Zheng 等[18]在指状组合型电极上制备了配备有 ZnO 纳米带薄膜的真空压力传感器，其灵敏度最大（9.29），功率消耗为 $0.9\mu W$，在一定压力下，其灵敏度大于基于 ZnO 纳米线阵列的压力传感器，功率消耗也小于 ZnO 纳米线阵列的压力传感器的功率消耗。

Sun 等[19]于柔韧的 Cu 箔上合成了 n-ZnO 纳米阵列/p-Cu_2O 异质膜结构，将其作为传感单元，制作出了配备有紫外发光二极管（LED）光源的紧凑型灵敏度可控压力传感器，提高了压电-光电效应，灵敏度也大幅度提高。研究成果为提高使用压电式光电传感器的转换率和灵敏度提供了一种非常有前途的方法。

1.1.3.2 声表面波器件

N 型半导体 ZnO 机电耦合系数大，介电常数低，因而被广泛地用于制作声表面波（SAW）器件，应用于雷达、通信、声呐、湿度传感等领域[20]。采用 c 轴择优取向 ZnO 薄膜制成的 SAW 器件工作损耗低、传输损耗低、声电转换效率高[21]。以玻璃[22]、硅[23]、蓝宝石[20]等为基底制备的 c 轴择优取向 ZnO 薄膜 SAW 器件完全能满足应用的需要。而且通过引入 SiO_2[23]或 Al_2O_3[22]夹层提高 ZnO 薄膜 SAW 器件性能，同时降低成本。

1.1.3.3 气敏传感器

气敏传感器是一种检测特定气体的传感器，气体敏感元件大多是以金属氧化物半导体为基础材料。ZnO 是一种典型的表面控制型气敏材料，ZnO 薄膜传感器在遇到有毒气体、可燃性气体和有机蒸气时，氧在表面被物理吸附，使传感器电导率下降；当传感器置于待测气体气氛中时，吸附氧在晶界处脱附，又使得半导体的电导率增加[24]。此过程引起声表面波频率的变化，通过测量声表面波频率的变化就可以获得准确的反应气体浓度的变化值。

ZnO 薄膜表面形貌及比表面积易于控制，可掺入贵金属或者涂覆贵金属催化涂层等提高它的灵敏度和选择性[25]。ZnO 薄膜传感器对 H_2、NO_2、CO、乙醇等有很好的敏感性。Gruber 等[26]通过对 c 轴择优取向的 ZnO 薄膜进行 $CH_4/H_2/H_2O$ 等离子蚀刻制成 ZnO 薄膜气敏元件，其选择性好，响应速度快，且能在混合气体中探测到体积分数仅为 0.01% 的 H_2，灵敏度很高。Zhu 等[27]将 ZnO 和 TiO_2 两种气敏材料结合起来，制得的 ZnO/TiO_2 薄膜气敏传感器工作温度在 320℃ 以上时其响应—恢复时间几乎不会受气体种类和浓度的影响，而且对浓度低至 10×10^{-4}% 的有毒挥发性有机气体表现出较高的灵敏度，可用于浓度低、灵敏度要求较高的空气质量检测，发展前景广阔。Patil 等[28]采用连续离子层吸附与反应技术制备的纳米结构 ZnO 薄膜用于 NO_2 气体传感器，其检测灵敏度可达 100×10^{-7}%。

1.1.3.4　湿度传感器

湿敏材料是指电阻值随环境湿度的增加而显著增大或降低的一些材料。其中，纳米薄膜 ZnO 薄膜比表面积大，毛细微孔多，易于吸收水蒸气，适用制备湿度传感器[29]。ZnO 纳米薄膜表面积-体积比直接影响湿度传感器响应范围，如 Tsai 等[30]制备的基于横向导向 ZnO 纳米片薄膜的湿度传感器响应范围在 12% ~ 96%，传感响应相当于 100 倍 ZnO 纳米线，并且在各种湿度环境下均有很高的选择性，长期稳定性，高度线性传感响应，低滞后效应。此外，以普通打印纸为基底的 ZnO 纳米薄膜湿度传感器也引起研究者的兴趣。如 Niarchos 等[31]通过在光滑打印纸表面涂覆多层 ZnO 纳米颗粒薄膜使其对湿度反应钝化，获得对湿度响应范围扩展为 20% ~ 70%、造价低廉且可任意处置的湿度传感器。

1.1.4　在抗菌领域的应用

纳米 ZnO 性能稳定可靠、安全无毒，具有良好的光催化活性和生物相容性，早在 20 世纪 50 年代，科学家们就将其列为抗菌材料进行研究[32]。众多研究结果表明，纳米 ZnO 具有广谱抑菌、杀菌能力[33]，对革兰氏阴性菌和革兰氏阳性菌（包括孢子）均表现出良好的抗菌性能[34]。对大肠杆菌、沙门氏菌、枯草芽孢杆菌、金黄色葡萄球菌等食物病原菌均表现出良好的抗菌性能[35]。纳米 ZnO 已作为抗菌因子广泛应用到食品包装、抗菌涂层、纤维、皮革等抗菌整理等领域[36,37]。纳米 ZnO 也广泛用于卫生保健方面，如用于皮肤理疗的婴儿爽身粉、乳霜和防腐油等。它也是一种被称为"氧化锌带"的绷带，用于防止在锻炼期间软组织损伤等。

1.1.5　在紫外探测器件的应用

ZnO 半导体禁带宽度为 3.37eV，有大的室温激子束缚能（0.060eV），纳米 ZnO 薄膜因其优良的紫外光电响应特性及灵敏度应用于紫外（UV）探测方面[38]。刘晗等[39]采用磁控溅射与化学气相沉积法于石英晶片上自组装生长 ZnO 纳米结构的光电导型紫外探测器，其具有光响应速度快、光响应电流大和良好的紫外响应可分辨特性。

1.2　纳米 ZnO 膜的制备方法研究现状

ZnO 形貌丰富，几乎所有物理的和化学的薄膜制备方法都可以用来制备 ZnO 薄膜。ZnO 薄膜的形成条件、工艺参数等直接影响其性能。下面从基底材料表面纳米 ZnO 薄膜的制备和纳米 ZnO 基质膜的制备两个方面介绍一些常用的物理化学方法。

1.2.1　基底材料表面制备纳米 ZnO 薄膜

ZnO 薄膜可以在玻璃[40]、聚合物[41]、钻石[42]、硅[43]等不同基底材料上沿优先取向生长成薄膜。近年来，许多先进的沉积和生长技术被用于 ZnO 薄膜的制备，例如气相沉积、液相化学沉积等方法。

1.2.1.1　气相沉积

气相沉积（vapor deposition，VD）分为物理气相沉积和化学气相沉积。在真空条件下，采用物理方法，将材料源——固体或液体表面汽化成气态原子、分子或部分电离成离子，并通过低压气体（或等离子体）过程，在基体表面沉积具有某种特殊功能的薄膜称为物理气相沉积（physical vapor deposition，PVD）。物理气相沉积系统如图 1-1 所示[2]。

化学气相沉积（chemical vapor deposition，CVD）是利用含有薄膜元素的一种或几种气相化合物或单质、在基片表面上进行化学反应生成薄膜。化学气相沉积过程如图 1-2 所示[2]，其中，（a）为反应物扩散通过界面边界层；（b）为反应物吸附在基片的表面；（c）为化学沉积反应发生；（d）为部分生成物扩散通

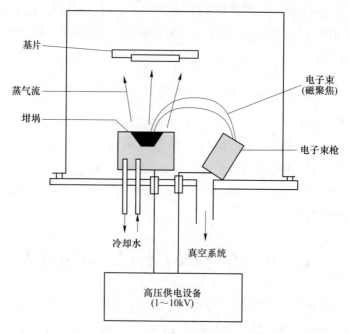

图 1-1 物理气相沉积系统示意图[2]

过界面边界层；（e）为生成物与反应物进入主气流里，并离开系统。该方法已经广泛用于提纯物质，研制新晶体，淀积各种单晶、多晶或玻璃态无机薄膜材料。

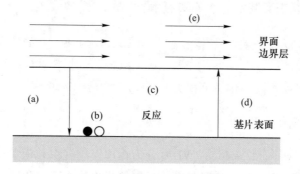

图 1-2 化学气相沉积示意图[2]

气相沉积 ZnO 薄膜的主要方法有溅射镀膜、电弧等离子体镀、真空蒸镀、脉冲激光沉积、分子束外延、金属有机物气相外延等。

A 溅射镀膜

溅射镀膜是利用气体放电产生的正离子在电场作用下高速轰击阴极靶，使靶材中的原子（或分子）逸出而沉淀到被镀衬底（或工件）的表面，形成所需要的薄膜。溅射法是制备各种薄膜的一类非常重要的方法，这种方法具有操作过程安全、不使用有毒有害气体、可以实现工业化大面积高速沉积的优点，几乎超过半数的国内外研究者采用溅射法制备多晶 ZnO 薄膜材料。常用的溅射法有直流溅射法、磁控溅射法、射频溅射法、偏压溅射法、反应溅射法、脉冲激光溅射法等。

磁控溅射利用磁场在靠近靶材的等离子体区域内束缚原子电离出的二次电子，使其继续与原子碰撞，产生更多的氢离子，从而提高电离率，有效利用电子的能量。研究中，通常使用高纯的 Zn 或 ZnO 作为靶材，生长气氛通常采用 Ar 和 O_2 的混合气体。制备的工艺条件如基底材料[41]、基底温度[44]、气体分压[45]、离子掺杂[46]等直接影响氧化锌薄膜的晶体结构、择优取向、表面形貌及光电特性。例如，Cicek 等[43]采用脉冲/直流磁控溅射技术在硅和多孔硅基底材料上制备了 ZnO 膜，研究结果表明，多孔硅基底材料上制备的 ZnO 膜，其热电电压高达 2.4V，热电系数比 Si 基底 ZnO 薄膜的高 40 倍。Horwat 等[45]采用反应磁控溅射技术在室温下制备了 ZnO 薄膜和高导电性和透明度的铝掺杂的 ZnO 薄膜。在直流电工作模式下，随着气相中氧含量的增加，ZnO 薄膜中发现氧间质特征。而放电电压在高压脉冲磁控溅射（HIPIMS）中起着重要的作用，可以通过控制放电电压调节溅射率。Francq 等[46]采用反应磁控共溅射法制备了 ZnO-Ag 薄膜，结果表明，在 Ag 含量低于 2%时，膜的孔隙度比纯 ZnO 增强，Ag 原子以纳米粒子的形式聚集在 ZnO 纳米柱之间。银含量的增加（>2%）则导致薄膜孔隙率的降低和薄膜顶部表面纳米银粒子的积累。

B　离子镀

离子镀在真空条件下，利用气体放电使气体或被蒸发物质部分电离，并在气体离子或被蒸发物质离子的轰击下，将蒸发物质或其反应物沉积在基片上的方法。其中包括磁控溅射离子镀、反应离子镀、空心阴极放电离子镀（空心阴极蒸镀法）、多弧离子镀（阴极电弧离子镀）等。离子镀时，蒸发料粒子电离后具有 3~5keV 的动能，当其高速轰击工件时，不但沉积速度快，而且能够穿透工件表面，离子镀的界面扩散深度可达 4~5μm，因此镀层附着性能好，而且绕镀能力强，镀层质量好，可镀材料广泛。例如 Nomoto 等[47]采用直流电弧放电法，将 200μm 厚的多晶镓掺杂 ZnO(GZO) 薄膜沉积在 200℃的玻璃基板上，并研究了 O_2 气体流速（OFRs）和放电电流（ID）对 GZO 薄膜的结构和电气性能的影响。通过优化 OFRs 和 ID 获得高载流子浓度和晶界散射对载体运输的贡献，GZO 薄膜的电阻率值达到 $1.96 \times 10^4 \Omega \cdot cm$，载流子浓度为 $1.25 \times 10^{21} cm^3$，霍尔迁移率为 $25.4 cm^2/(V \cdot s)$。

C 蒸镀

蒸镀法是通过电阻丝、高能电子束、高能离子束或者激光束等加热方式加热蒸发源物质，被加热蒸发的物质运动并附着到基底材料上而成膜的方法。蒸镀法可用于制备多晶 ZnO 薄膜，根据蒸发加热源种类、蒸发室气体组分和是否发生化学反应等特点，细分为金属膜后氧化法、反应蒸镀法、电子束蒸镀法和脉冲激光沉积法（PLD）等。

金属膜后氧化法就是采用高纯度的金属 Zn 为蒸发源物质，在高真空下，先在基底上蒸镀一层金属 Zn 薄膜，然后在 350～500℃ 温度范围内将其氧化成 ZnO 薄膜[48]。反应蒸发法是在真空室中充入一定比例的 Ar 和 O_2 混合气体，使蒸发物质在到达基底前与 O_2 发生化学反应而生成氧化物。蒸发源物质金属 Zn 熔点（419℃）较低，一般利用电阻加热就可以使其蒸发。以高熔点（1975℃）的 ZnO 粉末为蒸发源物质蒸镀 ZnO 膜，可采用电子束蒸发法和脉冲激光沉积法。如 Agarwal 等[49]采用电子束蒸镀法分别于不同基底温度下制备了约 100nm 厚 ZnO 薄膜，室温下制备的 ZnO 薄膜呈黑色，煅烧后转为透明；薄膜电阻率随着衬底温度的降低而减小。Vakulov 等[50]分别以 Zn 和 ZnO 为靶材，采用脉冲激光沉积法制备了 ZnO 薄膜，研究结果表明，在 30～300℃ 热循环条件下，以 ZnO 为靶材制备的 ZnO 薄膜的温阻关系稳定性更好。脉冲激光沉积 ZnO 薄膜过程中可掺杂靶材以改善薄膜性能。例如 Shewale 等[51]以高纯 ZnO 和 CuO 粉体为靶材于 SiO_2/n-Si（100）基底上沉积了 Cu 掺杂 ZnO 薄膜。与未掺杂的 ZnO 薄膜相比，Cu 掺杂 ZnO 薄膜降低了紫外线检测器的暗电流，提高了紫外线的光敏度。

D 分子束外延

分子束外延（MBE）是物理沉积单晶薄膜方法。在超高真空腔内，源材料通过高温蒸发、辉光放电离子化、气体裂解、电子束加热蒸发等方法，产生分子束流。入射分子束与衬底交换能量后，经表面吸附、迁移、成核、生长成膜。例如 Wang 等[52]采用分子束外延法与蓝宝石衬底上沉积了 ZnO 薄膜，且随着薄膜生长温度的升高，ZnO 晶粒尺寸增大，载流子迁移率显著增强。分析认为，晶界密度是影响 ZnO 薄膜光电性质的关键因素。研究者通常采用分子束外延与激光溅射技术相结合即为激光分子束外延（L-MBE）法制备 ZnO 薄膜，或采用等离子体辅助以及金属有机物分子束外延法制备 ZnO 薄膜。分子束外延法可制备薄到几十个原子层的单晶薄膜，以及交替生长不同组分、不同掺杂的薄膜而形成的超薄层量子显微结构材料。

1.2.1.2 液相化学沉积

液相化学法包括阴极电沉积、阳极氧化法、溶胶-凝胶法以及水热法等。

A 阴极电沉积

阴极电沉积法广泛应用于金属、塑料、玻璃等基材表面金属或化合物薄膜的制备，具有设备简单、操作方便、膜厚和形貌可控、对环境污染少、适合大规模工业生产等优点。1996 年，Izaki 等[40]首次采用电化学沉积法，以 $Zn(NO_3)_2$ 溶液为电解液，以高纯度 Zn 板作为阳极，导电玻璃作为阴极，在$-1.4 \sim -0.7V$ 下于导电玻璃表面制备了 ZnO 纳米薄膜。此后 Peulon 和 Pauporte 等[53,54]又分别在 $ZnCl_2(O_2$ 为前驱体) 和 H_2O_2 混合溶液中，采用恒电位沉积法合成出了 ZnO 纳米材料，并对生长机理做了研究。电化学沉积法制备 ZnO 薄膜由电化学反应和溶液化学反应两部分构成。电化学反应为前驱体（如 O_2、NO_3^- 或 H_2O_2 等）在工作电极表面发生电化学还原反应生成 OH^-，溶液化学反应则为生成的 OH^- 与前驱体溶液中的 Zn^{2+}反应生成 $Zn(OH)_2$ 并在基底表面脱水形成 ZnO 纳米沉积物。电化学沉积制备 ZnO 薄膜实验设备简单，反应的温度不高（$60 \sim 80℃$）。使用电化学工作站能精确地控制反应过程，成膜效果较好。通过改变电化学沉积过程中前驱液的浓度、温度和值及其他条件，来控制各个晶面族生长速率，从而得到不同形貌的纳米结构。

B Zn 片阳极氧化

阳极氧化是一种用于增加自然厚度和密度的电解钝化过程。金属部件表面的氧化层。除了增加腐蚀和耐磨性外，阳极氧化是一种在金属上生产均匀和粘接氧化膜的方法，非常经济。Goh 等[55]报道了以锌箔作为阳极，铂丝作为阴极，硫酸铵（NH_4SO_4）/氯化铵（NH_4Cl）和氢氧化钠（NaOH）混合溶液为电解液，在室温下制备 ZnO 纳米薄膜结构的电化学过程。研究者分析了阳极氧化时间、电解液种类和浓度对 ZnO 膜形貌和光化学性能的影响。

C 溶胶-凝胶法

利用溶胶-凝胶（sol-gel）技术可以在基体上制备 ZnO 薄膜，所用的前驱体可以是醇盐也可以是无机盐。采用浸渍或是离心甩胶等方法将溶胶镀液涂于基体（玻璃、陶瓷、金属、塑料等）表面形成胶体膜，再进行脱水而形成凝胶，最后进行热处理形成纳米薄膜。薄膜既不改变基底材料性质，又可以赋予其光学、电子或化学器件应用等方面的新特性。溶胶-凝胶法的优点是多组分混合均匀，成分易于控制，所制得的薄膜纯度较高，易于工业化生产。Zuo 等[56]通过回流醋酸锌、乙酰丙酮及乙醇的混合液得到锌溶胶。将锌溶胶浸涂于不同的 Si 基片上，经 500℃煅烧后均获得 c 轴导向的多晶 ZnO 薄膜。Fujihara 等[57]采用 sol-gel 法，通过调整掺杂离子浓度分别制备了导电的 Al 掺杂 ZnO 薄膜和绝缘的 Li 掺杂 ZnO 薄膜。

　　D　水热法

　　水热法是通过对反应体系加热，在反应体系中产生一个高温高压的环境进行无机材料合成与制备的方法。在反应体系中，Zn^{2+} 在基底表面异质成核并生长形成 $Zn(OH)_2$，$Zn(OH)_2$ 脱水生成 ZnO 薄膜。1990 年 Vergés 等[58]首次报道了采用 $Zn(NO_3)_2$ 和 $ZnCl_2$ 的水溶液，在低于 80℃的情况下制备得到了 ZnO 微晶。之后，Vayssieres 等[59]同样采用 $Zn(NO_3)_2$ 与六次甲基四胺（HMTA）混合溶液，分别在 Si 基底及导电玻璃基底上成功制备出 ZnO 纳米棒阵列膜。自此，越来越多的学者投入水热法制备 ZnO 纳米结构的研究中，通过调节反应条件各种各样的 ZnO 纳米结构形貌也被相继报道[60]。

1.2.2　纳米 ZnO 与膜基质混合成膜

　　混合成膜是指将纳米氧化锌与作为膜基质的聚合物分子在一定条件下混合后成膜，一般用于包装、保鲜、抑菌以及防紫外线等。对于化学高分子类膜基质材料，一般将基材在熔融状态下或溶液状态下与纳米 ZnO 以一定比例混合后成膜，如聚丙烯碳酸酯（PPC）/ZnO 纳米复合薄膜、低密度聚乙烯（LDPE）/ZnO 纳米复合膜以及聚氯乙烯（PVC）/ZnO 纳米保鲜膜等[61]。对于具有良好成膜性的天然生物大分子材料，一般将锌盐溶液与膜基材溶液以一定比例混合，待溶剂蒸发成膜后，将其浸入碱溶液中在一定条件下转化制得含有纳米 ZnO 的复合膜，如壳聚糖 ZnO 膜、纤维素 ZnO 膜、淀粉 ZnO 膜、玉米蛋白共轭 ZnO 纳米复合物薄膜等[62]。

1.3　ZnO 的抗菌机理

1.3.1　ZnO 抗菌机理

　　近年来，随着细胞学的空前发展，ZnO 抗菌机理研究迅速发展。一般认为，ZnO 颗粒或逸出的 Zn^{2+} 通过直接或静电作用附着于微生物细胞表面或胞吞作用使纳米 ZnO 颗粒细胞内在化，从而改变细胞膜渗透压，破坏细胞膜或抑制 RNA 和 DNA 的表达并使其功能失活，致使微生物生长受抑制乃至死亡[33]。而 ZnO 颗粒与微生物细胞接触过程中活性氧（reactive oxygen species，ROS）的产生使氧化压力增大是微生物生长受抑制乃至死亡的主要原因[63]。史贤明教授研究团队研究发现 ZnO 纳米颗粒对空肠弯曲杆菌具有高效杀菌作用[64]，并结合 SEM 观察到经过平均粒径约 30nm 的 ZnO 颗粒处理后，空肠弯曲杆菌（*Campylobacter jejun*）的细胞形态由杆状变成了球状，细胞膜受到明显损伤，导致细胞死亡。Xie 等[64]第一次在分子水平上论述了 ZnO 纳米颗粒抗菌机理可能是由于接触过程中产生过氧化物而出现的氧化反应杀菌作用。ZnO 抗菌机理归纳为以下三类。

1.3.1.1 活性氧抗菌机理

许多研究结果表明，ZnO 的抗菌作用主要是由在光照下产生的活性氧（reactive oxygen species, ROS）导致的氧化应激作用杀死或抑制了细菌的生长繁殖[63]，即光催化抑菌。当 ZnO 粒子受到能量大于其一个能带宽度的光照射时，电子受光激发跃迁，导带上产生电子（e^-），而在价带留下空穴（h^+）。空穴（h^+）可以激活氧和水，产生有极强化学活性的 ROS（$\cdot O_2^-$、$\cdot OH$、$^1O_2$、H_2O_2），ROS 的氧化能力大于构成微生物化学元素所形成的化学键的键能，能够切断构成细菌的有机物的化学键，能迅速有效地分解构成细菌的有机物及细菌赖以生存繁殖的有机营养物，从而杀灭细菌。有研究结果表明，因为 $\cdot O_2^-$ 和 $\cdot OH$ 是带负电荷的粒子，它们与细菌的外表面直接接触却无法穿透细胞膜，而 H_2O_2 可以穿透细胞膜，这是致使细菌死亡的主要作用因子。该过程中 ROS 的生成机理如下[65]：

$$ZnO + h\nu \longrightarrow ZnO(e^- + h^+) \tag{1-1}$$

$$h^+ + H_2O \longrightarrow \cdot OH + H^+ \tag{1-2}$$

$$e^- + O_2 \longrightarrow \cdot O_2^- \longrightarrow {}^1O_2 \tag{1-3}$$

$$\cdot O_2^- + H_2O \longrightarrow H_2O_2 \longrightarrow 2\cdot OH \tag{1-4}$$

一些研究结果表明，在黑暗条件下，纳米 ZnO 仍具有抗菌性能[66]。由于纳米 ZnO 晶体表面存在较多缺陷（氧空位 V_o 和锌间隙 Zn_i），在无光条件下 ZnO 表面也有 ROS（$\cdot O_2^-$、H_2O_2）产生。在黑暗条件下 ROS 的生成机理如下[67]：

$$e^- + O_2 \longrightarrow \cdot O_2^- \tag{1-5}$$

$$\cdot O_2^- + H_2O \longrightarrow \cdot HO_2 + OH^- \tag{1-6}$$

$$\cdot HO_2 + \cdot HO_2 \longrightarrow H_2O_2 \tag{1-7}$$

$$H_2O_2 + \cdot O_2^- \longrightarrow O_2 + \cdot OH + OH^- \tag{1-8}$$

相比之下，光的吸收（可见光和紫外线）会激发更多的电子和空穴，产生较高浓度的 ROS。因此，在光照条件下，纳米 ZnO 的抗菌活性也远高于其在黑暗中的抗菌活性。

1.3.1.2　金属离子溶出理论

该理论认为，Zn^{2+} 从固相 ZnO 中缓慢溶出、释放，并通过静电吸附作用附着于细菌细胞壁表面，破坏细菌细胞膜的通透性及正常的能量代谢，阻止其繁殖[66]；另外，具有抑菌作用的金属离子还会与蛋白质、核酸的部分官能团发生反应，甚至进入微生物细胞与生物酶进行反应，破坏细胞内锌平衡，导致溶酶体和线粒体损伤，最终导致细胞死亡，达到抗菌的目的[68]。当杀灭细菌后，Zn^{2+} 可以从细胞中游离出来，重复上述过程。

1.3.1.3　接触抑菌

一般认为，接触抑菌是指抗菌物质直接与产品接触产生的抑菌作用，细菌细胞损伤是由抗菌物质（ZnO）和细胞壁成分（脂质和/或蛋白质）相互作用引起的[69]。通常抗菌物质带正电，而细菌细胞表面带负电（细菌的细胞壁通常包括的带电高分子，如脂多糖），当两者相接触时，电位中和，电荷发生转移，使细胞膜表面蛋白质变性，破坏了细菌代谢从而杀菌，同时抗菌成分并不消耗，保持原有抗菌活性，具有长期有效性。研究表明，金属氧化物纳米颗粒对细菌的不同附着机制包括范德华力、静电力以及受体配体相互作用[70]。ZnO 与细菌接触时，若两者表面电荷相异，则相互吸引并依附，如带有正表面电荷的纳米 ZnO 颗粒和大肠杆菌细胞壁的负电荷分子（如脂多糖）相互吸引。若两者表面电荷相同，在弱静电斥力作用下，受体-配体相互作用被认为是主导作用机制。抗菌剂与细菌细胞相互作用表面位点的差异会造成抗菌活性的差异。

1.3.2　影响 ZnO 抗菌性能的因素

众多研究结果表明，ZnO 颗粒的尺寸大小和浓度、形貌结构、表面缺陷以及光照条件等均影响其抗菌效果。

1.3.2.1　尺寸大小和浓度

相对于普通 ZnO 和微米级 ZnO，纳米 ZnO 具有表面效应、小尺寸效应、宏观量子隧道效应等，其化学反应性增强，抗菌效果优势显著[66,70]。研究发现，细菌细胞对小尺寸的纳米 ZnO 颗粒的内化作用增强，同时，小尺寸的纳米 ZnO

产生更多的 ROS，进一步促进对细菌细胞的损伤。Padmavathy 等[78]论述了 H_2O_2 的产生主要依赖于 ZnO 的表面积，小颗粒 ZnO 具有更大的比表面积，其表面氧浓度更大，因此其抗菌活性更强。较高浓度的 ZnO，其活性表面也较大，因此增加了细菌细胞死亡率[33]。Xie 等[64]对 ZnO 纳米颗粒杀菌活性的浓度依赖性进行了研究。实验采用粒径为 30nm、浓度为 0~5mg/mL 的 ZnO 对空肠弯曲杆菌菌株进行了处理。结果表明，ZnO 浓度增大到 0.1mg/mL 时即可完全杀菌（而非抑菌），作用时间为 3h，而 ZnO 浓度增大到 0.5mg/mL 时完全杀菌作用时间仅为 1h。

1.3.2.2　结构形貌

许多研究结果表明，不同结构形貌的 ZnO，其抗菌效果存在较大差异。ZnO 的形貌结构是由其合成条件决定的，如前驱体、溶剂、形状导向剂以及温度和 pH 值等[71]。ZnO 的生长方式决定其活性晶面，例如，杆状结构 ZnO 主要有（111）和（100）晶面，而球状纳米结构有（100）晶面。不同形貌的纳米 ZnO 具有不同的活性晶面，这可能增强其抗菌活性。有研究结果表明，原子密度高的（111）晶面具有较高的抗菌活性[72]。ZnO 晶体的极性晶面具有较高的氧空位，而氧空位会增加 ROS 的生成，从而促进 ZnO 的光催化性能。例如，Xu 等[73]对比了四脚针状 ZnO、纳米 ZnO、普通 ZnO 悬浮液对大肠杆菌（*E. coli*）的抗菌性能。结果表明，四脚针状 ZnO 由于在其晶体中具有最多的 V_o、产生最多的 H_2O_2 而显示出最佳的抗菌活性。目前，已有研究发现，在暴露（0001）-Zn 高能晶面可以获得更好的抗菌效果[74]。此外，纳米 ZnO 的形貌可以影响其被细胞内部化的机制，如杆状和线状纳米 ZnO 比球形纳米 ZnO 更容易穿透细菌细胞壁[75]，而花状纳米 ZnO 对金黄色葡萄球菌（*S. aureus*）和大肠杆菌（*E. coli*）的生物灭活性强于球状和棒状的纳米 ZnO[76]。

1.3.2.3　表面缺陷

因制备工艺等原因，纳米 ZnO 包含许多边角，因此具有潜在的活性表面位点。ZnO 晶体表面存在的表面缺陷和表面电荷严重影响 ZnO 的毒性[77]。例如，Padmavathy 等[78]认为，磨料纳米 ZnO 颗粒的抗菌作用是由于其表面具有边角等缺陷造成的细菌细胞膜损伤。表面缺陷广泛地改变了晶界性质。Wang 等[79]提出 ZnO 的晶体取向影响氧化锌的抗菌活性，各种取向随机空间配置的 ZnO 晶粒比规则取向的表现出更强的抗菌作用。

此外，ZnO 晶体表面存在氧空位（V_o）和锌间隙（Zn_i）等本征点缺陷。作为一种活性位点，V_o 的存在促使 ZnO 表面形成大量的载流子，与水接触时会产生 H_2O_2，产生抗菌效果[77]。因此，可以通过空位缺陷的改性来提高 ZnO 的抗菌性。例如，将金属或者非金属元素引入纳米 ZnO 的晶格内部，在纳米 ZnO 的晶格中引入新的原子形成缺陷或间隙型空位，从而影响光激发产生 e^- 和 h^+ 的运动状况，或者改变纳米 ZnO 的能带结构，进而提高纳米 ZnO 的抗菌活性和光催化活性。研究发现，有空价带的过渡金属、一些非金属元素以及碱土金属离子掺杂改性均可提高纳米 ZnO 抗菌活性[69]。

1.3.2.4　光照条件

如 1.3.1.1 节所述，光照条件影响 ZnO 表面 ROS 的生成。纯纳米 ZnO 光吸收波长阈值在紫外光区，在紫外光照射下，其光生电子从其价带激发到导带，分解出自由移动的带负电荷的电子（e^-），同时留下带正电荷的空穴（h^+）。h^+ 激活空气中的氧和粉体表面的水，从而产生有极强化学活性的 ROS（$\cdot O_2^-$、$\cdot OH$、$^1O_2$）。ZnO 高度吸收紫外线，在其表面生成大量 ROS。紫外线照射下，松散吸附于 ZnO 表面的 ROS 快速脱附[80]。ROS 可与大多数有机物发生氧化反应达到杀菌的目的[65]。而可见光光子能量范围为 $1.61 \sim 3.10 eV$，不能激发纯 ZnO 的光催化活性。通常对其元素掺杂进行轨道杂化以改变半导体的导带和价带位置来实现其可见光催化活性。如 Li 等[81]报道了少量 N 掺杂可以在 ZnO 能带结构的价带与导带间形成缺陷能量状态，而且缺陷能量状态在 ZnO 能带结构的价带附近，在可见光（光子能量 $>0.7 eV$）照射下，ZnO 价带中的电子被激发到缺陷能量状态，然后进一步吸收能量更高的光子（光子能量 $>2.5 eV$），把光生电子传输到 ZnO 的导带，从而使电荷分离，实现可见光响应。ZnO 表面 ROS 生成量增加，提高了氧化杀菌的效果。

1.4　ZnO 抑制生物被膜的研究现状及发展

1.4.1　不同基底材料表面 ZnO 薄膜的抗菌性及抑制生物被膜性能

生物薄膜是指细菌黏附于接触表面，分泌多糖基质、纤维蛋白、脂质蛋白等，将其自身包绕其中而形成的大量细菌聚集膜样物。多糖基质通常是指多糖蛋白复合物，也包括由周边沉淀的有机物和无机物等。

在特定的条件下，细菌可以形成生物被膜，包被有生物被膜的细菌称为被膜菌。被膜菌无论其形态结构、生理生化特性、致病性还是对环境因子的敏感性等都与浮游细菌有显著的不同，尤其对抗生素和宿主免疫系统具有很强的抵抗力，从而导致严重的临床问题，引起许多慢性和难治性感染疾病的反复发作。细菌生物被膜黏附在各种医疗器械及导管上极难清除，以至于引发大量的医源性感染。

近年来，纳米 ZnO 薄膜作为一种抗菌涂层，其抗菌及抑制生物被膜黏附性能引起广泛关注。许多研究表明，在不锈钢、钛合金、玻璃、硅片、聚丙烯、柔性高分子材料和棉织物等基底表面制备的纳米 ZnO 薄膜均具有一定的抗菌性及抑制生物被膜黏附性能。

Shim 等[82]采用射频磁控溅射法于不锈钢（STS316L）表面制备了 ZnO 纳米颗粒（NP）和 ZnO 纳米墙（NW）结构的 ZnO 薄膜。研究结果表明，在 100℃、24h 条件下，从 ZnO NW 薄膜中释放出 Zn^{2+} 浓度约为 $(27.2\pm3.0)\mu g/L$。ZnO NW 薄膜对大肠杆菌（*Escherichia coli*）、金黄色葡萄球菌（*Staphylococcus aureus*）和青霉素菌种（*Penicillium funiculosum*）均表现出超强的抗菌性能。使用兔子进行实验验证，没有检测到 ZnO 薄膜对皮肤造成过敏现象，而且释出 Zn^{2+} 浓度满足世界卫生组织饮用水质量标准。STS 316L 基底材料表面覆有 ZnO NW 薄膜后，其维氏硬度和韧性分别增强了 11% 和 14%。

在医用植入物表面制备纳米 ZnO 包覆层，提高医用植入物的自抑菌效果和生物相容性等。Liao 等[83]以硝酸锌和六次甲基四胺混合液为电解液在钛基底材料表面电沉积不同厚度的 ZnO 薄膜，以维持龈成纤维细胞功能，并增强钛基牙科植体的抗菌能力。采用标准 Syto9 荧光染色法检测其对链球菌属（*Streptococcus mutans*）的抗菌效果。实验结果表明，钛基 ZnO 薄膜中 ZnO 颗粒越多，抗菌效果越有效。刘冠花等[84]也研究了医用钛合金表面纳米 ZnO 薄膜的制备及其抗菌性能。实验采用溶胶凝胶法制备了 ZnO 薄膜，验证了薄膜对金黄色葡萄球菌和白色念珠菌的抑菌率分别为 92.2% 和 91.1%，均达到良好的抗菌效果。

Mosnier 等[85]在室温下采用脉冲激光沉积法在普通钠钙玻璃基底上制备了 2μm 厚 ZnO 薄膜。在峰值发射波长约为 365nm 的 UVA 光源照射下，ZnO 薄膜对表皮葡萄球菌（*Staphylococcus epidermidis*）表现出显著的抗菌活性和抑制生物被膜性能。经生物被膜去除和紫外照射处理后，ZnO 薄膜表面粗糙度由 49.7nm 上升到 68.1nm，表面微米级凹陷均匀随机分布。在沉积态 ZnO 薄膜中，Zn 与 O 比率由 1∶0.95 转变为 1∶2.2，紫外-可见和拉曼光谱均显示 ZnO 薄膜结构质量退化。分析认为，ZnO 薄膜结构质量退化应归因于高氧化性物种以及活性表面缺陷点位的存在。

具有特殊电学和化学性质的半导体材料硅可应用于防止微生物的增长。Gittard 等[86]采用脉冲激光沉积法于硅晶片表面制备了 ZnO 薄膜，并采用琼脂扩散法和疾控中心生物膜反应器评估了微生物在包覆 ZnO 薄膜的硅晶片表面的生长情况。结果表明，包覆 ZnO 薄膜的硅晶片对大肠杆菌具有抗菌性，可显著减少细菌生长但不能完全抑制大肠杆菌的生长。将包覆 ZnO 薄膜的硅晶片引入水环境，Zn^{2+} 可扩散到周围环境中并产生抗菌作用。分析认为，氧化锌和其他半导体材料可能发挥主导作用成为下一代可提供抗菌功能的医疗设备。

其他非金属材料表面制备的 ZnO 薄膜应用于抑制微生物生长及生物被膜黏附。从食品安全角度来看，高质量和延长食品保质期的包装材料的需求促进了抗菌包装材料的发展。例如，Vähä-Nissi 等[87]在低温下以二乙基锌为锌源采用原子层沉积法于聚乳酸和聚丙烯薄膜表面制备了 ZnO 薄膜。沉积过程温度直接影响 ZnO 的尺寸和形状。在 100℃、臭氧气氛中可获得类似 Al_2O_3 的 ZnO 薄膜。对比分析了臭氧和水气氛下制备的 ZnO 薄膜、Al_2O_3 薄膜和 ZnO/Al_2O_3 叠层薄膜的抗菌性能。

Yuvaraj 等[88]在室温下采用活性反应蒸发法在柔性聚合物和棉织物上沉积了 ZnO 纳米薄膜。ZnO 纳米薄膜的室温光致发光光谱显示一周的紫外辐射以及强烈的橙黄色可见辐射。棉布涂氧化锌纳米结构如图 1-3 所示。棉布涂氧化锌纳米结构对葡萄球菌表现出优秀的抗菌活性，与原棉布纤维相比，接触 4h 后，细菌数量减少约 73%。

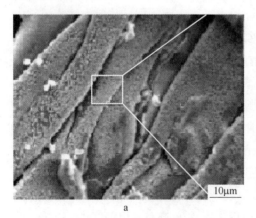

图 1-3　沉积在棉布纤维表面 ZnO 纳米结构的 SEM 图[88]

a—低倍放大；b—高倍放大

1.4.2　不同元素掺杂 ZnO 薄膜的抗菌性及抑制生物被膜性能

元素掺杂可进一步增强纳米 ZnO 薄膜的抗菌及抑制生物被膜性能。例如，Vasanthi 等[89]采用喷雾热解技术于玻璃基片上制备了 Sn 掺杂纳米 ZnO 薄膜。当

Sn 掺杂浓度达到 6% 时 ZnO 薄膜对大肠杆菌的抗菌活性显著增强。分析认为，Sn^{4+} 被还原为 Sn^{2+}，由于 Sn^{2+}（0.0093nm）比 Sn^{4+}（0.0069nm）具有更大的离子半径，减少了间隙空间，诱导 ZnO 晶格中更多的 Zn^{2+} 释放，从而促进了 ZnO 薄膜的抗菌性能。

Manoharan 等[90]采用喷雾热解法在玻璃基底上沉积了多晶六方纤锌矿结构的纯 ZnO 薄膜和 In 掺杂 ZnO 薄膜。掺杂后薄膜表面粗糙度下降，载流子浓度和霍尔迁移率上升，抗菌实验结果表明，4% 的 In 掺杂 ZnO 薄膜对食物病原体和金黄色葡萄球菌产生更好的抗菌效果。In 掺杂 ZnO 薄膜作为表面涂层应用于食品包装方面将有助于防止食物受病原体感染。

Cruz-Reyes 等[91]采用溶胶-凝胶法和浸镀技术制备了硅基 Pd 掺杂 ZnO 薄膜，合成膜对大肠杆菌和铜绿假单胞菌均具有抗菌活性。高 Pd 含量（5%）对大肠杆菌的抗菌率可达 64.07%，而较低的 Pd 含量（1%）对铜绿假单胞菌显示出较高的抗菌率，可达 76.43%。

Manoharan 等[92]采用喷雾热解技术在 400℃ 条件下于玻璃基底上沉积了 Al 掺杂 ZnO 薄膜。ZnO 薄膜表面粗糙度和颗粒尺寸随着 Al 掺杂量的增加而下降，在 Al 掺杂量为 6% 时得到表面多孔的纳米 ZnO 薄膜，其带隙为 3.11eV，低于纯 ZnO 薄膜（3.42eV），Al 进入 ZnO 晶格并占据 Zn 位。Al 掺杂量为 6% 时得到的纳米 ZnO 薄膜具有较低的电阻率、较高的霍尔迁移率和载流子浓度，对金黄色葡萄球菌表现出最好的抗菌活性。

Francq 等[46]采用反应磁控共溅射法于硅晶片和钠钙玻璃上制备了 ZnO-Ag 薄膜。Ag 掺杂浓度低于 2% 时，膜表面多孔性随 Ag 掺杂浓度增大而增强，Ag 颗粒附着于 ZnO 阵列之间；Ag 掺杂浓度为 2%~8% 时，多孔性逐渐减弱，Ag 颗粒外移并发生团聚，附着于 ZnO 阵列顶部表面，ZnO-Ag 薄膜可用于抗菌。

还有一些研究者通过离子共掺杂来增强 ZnO 薄膜的抗菌性能。例如，Ravichandran 等[93]采用溶胶-凝胶旋转涂布法在玻璃基板表面制备了 Sn、Mn 共掺杂 ZnO 薄膜。保持 Sn 掺杂量为 6% 不变，改变 Mn 掺杂量（0~10%），得到一系列 Sn、Mn 共掺杂 ZnO 薄膜。掺杂浓度未影响晶体结构，晶粒尺寸随掺杂浓度增大而减小，Mn 掺杂量为 8% 时薄膜电阻率值最小。Sn、Mn 共掺杂 ZnO 薄膜对金黄色葡萄球菌的抗菌活性如图 1-4 所示。Mn 掺杂量为 6% 时（图 1-4 中样品 d）抑菌带最大，说明 Sn(6%)、Mn(6%) 共掺杂 ZnO 薄膜具有最好的抗菌性能。

Snega 等[94]采用喷雾热解技术在玻璃基底上制备了 ZnO:Mg:F 薄膜。保持 F 掺杂量为 20% 不变，改变 Mg 掺杂量（4%、8%、12%、16%），得到一系列 Mg、F 共掺杂 ZnO 薄膜。随着 Mg 掺杂量的增加，OD 值逐渐减小，说明 Mg、F

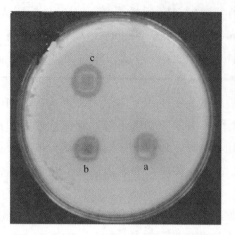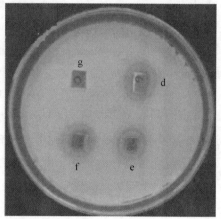

图 1-4 不同掺杂水平 Sn、Mn 共掺杂 ZnO 薄膜的抑菌带变化图[93]

a—6%Sn+0%Mn；b—6%Sn+2%Mn；c—6%Sn+4%Mn；d—6%Sn+6%Mn；

e—6%Sn+8%Mn；f—6%Sn+10%Mn；g—对比

共掺杂 ZnO 薄膜对大肠杆菌的抗菌作用逐渐增强，如图 1-5 所示。分析认为，随着 Mg 掺杂量的增加，过氧化氢等强氧化性物质生成量增大，导致更强的大肠杆菌细胞膜的氧化损伤，从而增强了 Mg、F 共掺杂 ZnO 薄膜的抗菌性能。

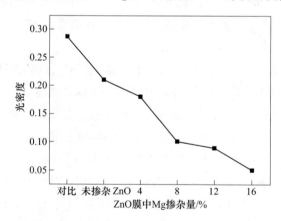

图 1-5 Mg 掺杂量对 ZnO：Mg：F 薄膜抗大肠杆菌增长情况分析[94]

Mohan 等[95]采用喷雾热解技术在玻璃基底上制备了 Sn、Mg 共掺杂 ZnO 薄膜。保持 Sn 掺杂量为 6%不变，改变 Mg 掺杂量（2%、4%、6%、8%、10%），得到一系列 Sn、Mg 共掺杂 ZnO 薄膜。分析认为，较小的晶粒尺寸、较大的带隙、高的质构特性及羟基自由基的生成等因素，使 Mg 掺杂量为 6%时制备的 Sn、Mg 共掺杂 ZnO 薄膜获得最好的抗菌性能。

1.4.3 ZnO 基质膜的抗菌性能

基于纳米 ZnO 的抗菌性能，纳米 ZnO 基质膜的制备及抗菌性能成为当今研究的热点。Li 等[96]采用线型低密度聚乙烯（LLDPE）和有机硅烷偶联剂 KH550 改性纳米氧化锌进行熔体混合和吹制，制备了 LLDPE/改性纳米 ZnO 复合膜。研究结果表明，改性纳米氧化锌的引入提高了 LLDPE 膜的力学性能，复合膜对大肠杆菌和金黄色葡萄球菌均具有良好的抗菌活性。

Oun 等[97]利用 KCl 作为交联剂，加入 ZnO 等纳米粒子（NPs），制备了卡拉胶的功能性水凝胶和干膜。以卡拉胶为基础的水凝胶膜具有金属纳米颗粒，对食源性致病菌、大肠埃希菌和单核细胞李斯特菌具有很强的抗菌活性。与加入 CuO NPs 相比较，加入 ZnO NPs 的水凝胶薄膜具有更高的力学性能、UV 筛选、水保持、热稳定性和抗菌性能，在生物医学、化妆品和活性食品包装领域具有很高的应用潜力。

Arfat 等[98]以鱼皮胶为基质在 pH = 3 条件下制备的 FPI/FSG-ZnO 纳米复合膜，具有很强的抗菌活性，可以作为一种活性食品包装材料。

Wang 等[99]采用原位聚合法制备了柔性混合己内酰胺-酪蛋白/ZnO 纳米复合膜（CCZ 膜），ZnO NPs 在膜形成过程中沉积在 CCZ 膜的表面和内部。研究表明，薄膜达到了预期的力学性能，并对金黄色葡萄球菌和大肠杆菌具有优良的抗菌活性。该工作为制备天然高分子纳米复合抗菌涂料提供了可行的途径，在纺织、皮革、包装、造纸、室内墙面等领域具有广阔的应用前景。ZnO/壳聚糖基质膜结合了壳聚糖和 ZnO 的抗菌性能[100]，具有较强的抗革兰氏阳性菌、革兰氏阴性菌及霉菌的抗菌活性，使其在食品保鲜等方面有广泛的应用价值。

1.5 材料表面性质影响生物被膜的形成和黏附

在适宜的环境中，细菌可以附着于固体表面并形成的生物膜，引起设备腐蚀及食品污染等，导致巨大的经济损失。一些研究结果表明，材料表面性质，如粗糙度、微观结构、亲水性、抗菌成分等均影响生物被膜的形成和黏附。

1.5.1 材料表面的粗糙度影响生物被膜的形成和黏附

Han 等[101]报道了生物被膜在粗糙度分别为 $0.3\,\mu m$ 和 $1.4\,\mu m$ 的两种钛植入物表面黏附的动态过程。选用微生物分别为变异链球菌、血红链球菌和多种菌体。被膜菌在两种钛植入物表面生长时间分别为 2h、1d 和 7d。研究结果表明，在生物被膜形成初期，菌体在具有较大粗糙度的钛植入物表面更易于黏附。生物被膜成熟后，钛植入物的表面粗糙度对其黏附性的影响消失。

Ionescu 等[102]报道了变异链球菌在二水磷酸氢钙纳米粒子-树脂复合材料表面的黏附和生物被膜生长情况。研究结果表明，降低材料表面粗糙度可减少生物被膜的黏附。

Katsikogianni 等[103]综述了材料表面粗糙度对生物被膜黏附的影响。不规则性的聚合物表面促进细菌黏附和生物膜沉积，而超光滑表面不适合细菌黏附与生物膜沉积。这可能是因为粗糙的表面有更大的表面积和凹陷，为微生物黏附提供了黏附的地方，更有利于微生物黏附和生物被膜形成。

1.5.2　材料表面形态、微观结构影响生物被膜的形成和黏附

Katsikogianni 等[103]综述了材料表面形态对生物被膜黏附的影响。细菌更容易黏附于具有沟槽或多孔的表面。沟槽或孔径大小影响细菌黏附，各菌种本身形貌不同，对材料表面的黏附行为也存在较大差异。

Singh 等[104]定量表征了纳米结构表面形貌对原核细胞依附和生物膜形成的影响。利用脉冲微等离子体束源制备了具有不同表面形貌的二氧化钛纳米薄膜，考察了大肠杆菌和金黄色葡萄球菌在纳米二氧化钛薄膜表面的黏附行为。结果表明，增加表面孔隙纵横比和体积，可提高蛋白质吸附率，从而减少细菌黏附和生物膜的形成。随着粗糙度的增加，细菌黏附和生物膜的形成是增强的，而进一步增加粗糙度则明显降低细菌黏附和抑制生物膜的形成。分析认为细菌黏附的趋势受形貌依赖的蛋白质吸附引起的钝化和压扁效应的综合影响。

1.5.3　材料表面亲疏水性影响生物被膜的形成和黏附

Schwarz 等[105]研究了钛植入物表面亲水性和显微形貌对最初的龈上菌斑生物膜形成的影响。研究结果表明，钛植入物表面亲水性对龈上菌斑生物膜形成的影响不显著，而钛植入物表面不同显微形貌对最初的龈上菌斑生物膜形成会产生较大的影响。

Bonsaglia 等[106]研究了单核细胞增多性李斯特氏菌（*Listeria monocytogenes*）生物被膜在不同材料表面的形成。材料为常用于食品工业和零售业的聚苯乙烯、玻璃和不锈钢。相对于疏水性的聚苯乙烯表面，细菌更易黏附于亲水性的不锈钢和玻璃表面，在 20℃ 培养 24h 后，不锈钢和玻璃表面的生物膜量分别为 30（93.8%）和 26(81.3%)，而聚苯乙烯表面的生物膜量只有 2(6.2%)。培养时间和温度似乎是生物膜的形成过程中的重要因素，在 35℃ 培养 48h 后，结果显示不

锈钢和玻璃表面的生物膜量从 30(93.8%) 下降到 20(62.5%)。

Lee 等[107]研究了材料类型（聚苯乙烯、聚丙烯、玻璃和不锈钢）对金黄色葡萄球菌生物膜的形成过程。相对于疏水性表面（聚丙烯和聚苯乙烯），金黄色葡萄球菌生物膜高亲水表面（玻璃和不锈钢）更易于形成。

Jindal 等[108]评估了普通牛奶芽孢菌生物被膜在改性不锈钢（不同的涂层）表面的形成情况。研究结果表明，材料表面的疏水性及表面能影响芽孢菌生物被膜的形成，而材料表面粗糙度影响较小。疏水性最强的 Ni-P-PTFE 涂层表现出最少的细菌附着和牛奶固体沉积，是最抗生物膜形成的包覆材料。

Liu 等[109]研究了特姆龙改性不锈钢表面，以减少生物膜的形成，减少在牛奶巴氏灭菌过程中的污染。在乳制品行业中，许多类型的加工设备上形成生物膜造成牛奶污染是常见的问题。减少牛奶污染和生物膜的一种方法是修改牛奶接触表面的材料特征。特姆龙（Thermolon）是一种溶胶-凝胶性质的、一般以陶瓷材料为基础的涂层，它在高温下没有任何的变化。使用特姆龙对不锈钢 316L 表面进行修饰、改性。改性后不锈钢表面水接触角增大，疏水性增强，有效地减少了牛奶在接触面的沉积，同时有效地减少细菌黏附和生物被膜的形成。

1.5.4 材料表面抗菌成分影响生物被膜的形成和黏附

细菌在材料表面的附着和生长会导致生物膜的形成。在我们的日常生活中，自来水是一种最常用的水资源。输送管道易于被不同的病原菌感染。Li 等[110]报道了一种新型 304 型铜不锈钢（304CuSS），与自来水接触后，释放出的铜离子能有效地杀死大部分浮游细菌（最大 95.9% 抗菌率），从而抑制细菌生物膜在输送管道表面上形成，减少致病风险。

在医院和食品加工环境中的生物膜可以导致细菌感染和食物污染。Yasuyuki 等[111]研究了 9 种纯金属对革兰氏阳性的金黄色葡萄球菌和革兰氏阴性的大肠杆菌的抗菌性能。在这项研究中，采用钛、钴、镍、铜、锌、锆、钼、锡、铅等 9 种纯金属进行了抗菌测试。结果表明，不同的金属的抗菌特性存在显著差异。其中，钛和锡没有表现出抗菌性能。钴、镍、铜、锌、锆、钼、铅等对两种革兰氏菌都有抗菌性能。金属积累导致细菌细胞壁和其他细胞成分的破坏。

目前，抗菌纺织品在不同类型的纺织品上很流行。Ag 和 ZnO 是最受欢迎的抗菌材料。Kucuk 等[112]采用水热法制备了 Ag、ZnO、Ag/ZnO 纳米颗粒包覆的工艺纤维，研究结果表明，这些产品在洗涤后重复使用仍然稳定，具有稳定的抗菌活性。

1.6　疏水性表面的研究现状及发展

　　疏水性表面是指水接触角大于 90°的表面，超疏水性表面是指水接触角大于 150°而滚动角小于 10°的表面。德国波恩大学 Barthlott 教授等[113]首先发现荷叶等植物叶片具有"自清洁效应"是因表面存在规则排列的特殊微观结构，即由纳米级的突起组成的微米级的微小突起，如图 1-6 所示。通过对多种植物的表面进行观察，发现疏水性植物叶片表面覆盖着一层极薄蜡晶体，成为"蜡盾"。"蜡盾"和微-纳米结构的协同作用产生疏水效应——"荷叶效应"。超疏水性表面有很多优异性能，如防水防冻、自清洁、抗腐蚀及油水分离等，在很多领域都有着潜在的应用价值。

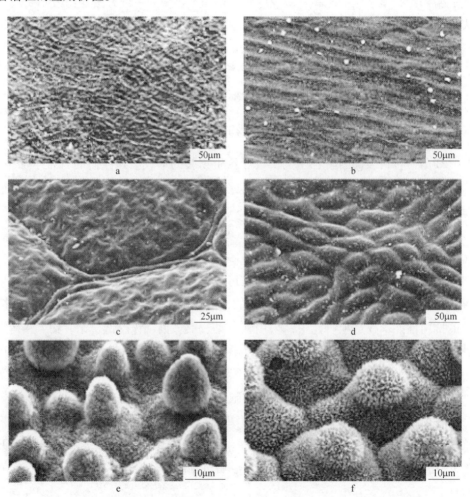

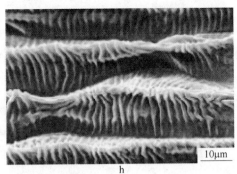

图 1-6 向轴叶片表面的 SEM 图[113]

a~d—光滑、可润湿叶片表面；e~h—粗糙、防水叶片表面

目前制备超疏水表面的方法主要基于仿生学研究，即采用表面蚀刻或制备修饰层等技术手段，在材料上构建具有微-纳米结构的表面，然后采用低表面能物质进行表面改性，从而获得具有疏水性表面的功能材料。

（1）表面蚀刻。Wang 等[114]采用 H_2O_2/HCl/HNO_3 溶液对 1045 钢表面进行蚀刻，再用氟硅烷（FAS-17）对其进行改性处理，制备了具有优异的防腐蚀性能的超疏水钢表面。材料表面润湿行为如图 1-7 所示。化学蚀刻反应过程原理如图 1-8 所示。

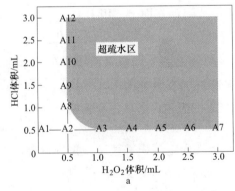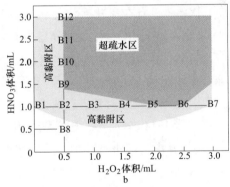

图 1-7 材料表面润湿行为[114]

a—HCl 蚀刻；b—HNO_3 蚀刻

H_2O_2 在酸性溶液中表现出极强的氧化性能，这意味着在 A 和 B 系列反应溶液中，Fe 都能被氧化成 Fe_2O_3。这可能促进表面刻蚀过程和反应速率，因为 Fe_2O_3 与酸之间的反应仅仅是溶解反应，而 Fe 与酸（HCl 或 HNO_3）之间的反应是氧化反应。反应过程可用下列方程式来描述：

$$2Fe + 3H_2O_2 \xrightarrow{H^+} Fe_2O_3 + 3H_2O \qquad (1-9)$$

$$Fe_2O_3 + 6H^+ \longrightarrow 2Fe^{3+} + 3H_2O \qquad (1-10)$$

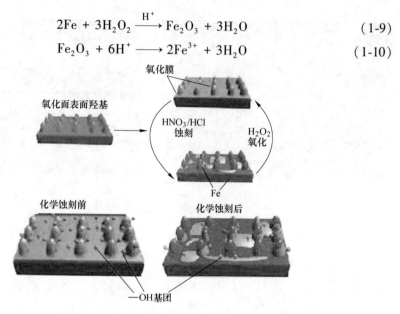

图 1-8　化学蚀刻反应过程原理图[114]

H_2O_2 的加入有利于加速反应过程和促进腐蚀行为，因为过氧化氢在酸性条件下的氧化性质得到了提高，这将影响其润湿性和表面接枝率。氧化表面在潮湿空气中暴露后具有表面结合羟基，可以作为锚定点，因为水解硅烷和表面羟基之间可以形成共价键。因此，只有在氧化区才能将 FAS-17 接枝到钢表面上，用 H_2O_2 与 HCl（或 HNO_3）复合刻蚀 1045 钢，既可实现微纳米分级结构，又可实现表面羟基化。

Shiu 等[115]采用氧等离子体刻蚀的方法制备了润湿性可调的超疏水性表面，其水接触角达到了 170°。Gao 等[116]采用辉光放电等离子体反应器在锌基体上进行蚀刻，再用硬脂酸对其进行改性处理，锌表面由超亲水性变为超疏水性。

（2）制备修饰层。如电沉积与化学沉积法也用于制备超疏水表面。Gao 等[117]使用盐酸对铁进行蚀刻，然后在铁基板表面电沉积锌镀层，再进行热退火处理，成功制备出具有微纳米分层结构的超疏水性表面，如图 1-9 所示。所得的覆有氧化锌膜的铁基质具有长期稳定的超疏水性和耐腐蚀性能。

Latthe 等[118]采用溶胶-凝胶法，以乙氧基三甲基硅烷作为前驱体在玻璃基体上制备了性能稳定的超疏水性氧化硅薄膜。

Kim 等[119]采用自组装单层涂层的方法合成了能够有效防冻的超疏水性的铝表面。首先用碱对铝进行处理使其表面产生 Al(OH)$_3$ 层，然后浸入沸水中，使其形成了具有纳米结构的粗糙表面，经氟硅烷改性后得到具有低表面能涂层的超疏水铝表面。

Lu 等[120]通过电化学模板技术在铟锡氧化物玻璃基板制备了力学和热性能稳定的超疏水涂层。采用电沉积法于玻璃基板表面制备了多孔聚（3，4-乙撑二氧噻吩）层，再涂覆正硅酸乙酯获得超亲水二氧化硅涂层。最后通过化学气相沉积的氟化作用使超亲水性涂层转变为超疏水二氧化硅涂层，如图 1-10 所示。

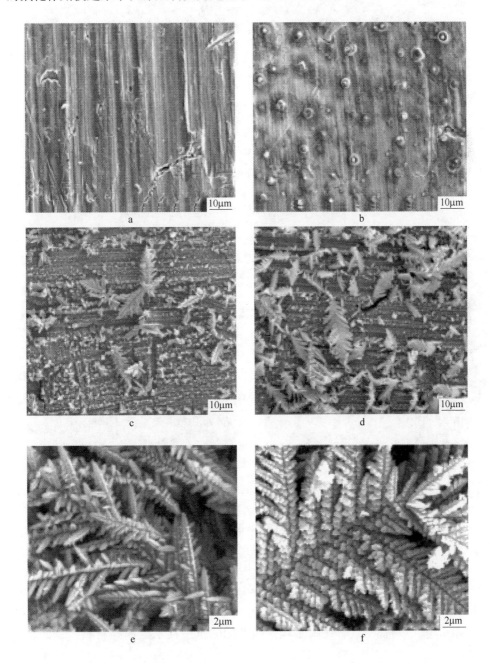

图1-9　被研究表面的典型 SEM 图[117]

a—纯铁基底；b—铁基底在 1mol/L HCl 中蚀刻 4min 后；

c，e，g—铁基底经锌包覆后；d，f，h—铁基底经锌包覆再煅烧后

图1-10　二氧化硅涂层形貌图[120]

a—沙粒磨损的倾斜 45°的超疏水二氧化硅涂层图片；

b—被沙粒磨损 50s 后超疏水二氧化硅涂层 SEM 图，插图：磨损涂层的水接触角是 153.2°±2°

陈晓航等[121]采用水热处理和自组装技术在铝合金表面构建了超疏水 Ce_2O_3 膜层来提升铝合金的耐蚀性能，在模拟海水溶液中保护效率能达到 99.6%。

Dai 等[122]制备出具有超疏水超亲油性的除水型油水分离型材料。铜网基片

首先在 1.0mol/L NaOH 和 0.05mol/L $K_2S_2O_8$的水溶液中浸泡使其表面覆盖微-纳米级 $Cu(OH)_2$。随后，氧化铜网沉浸于磷酸正十八酯/四氢呋喃（ODPA/四氢呋喃）混合溶液中，氧化铜网表面快速形成 ODPA 超疏水涂层。对一系列的水和油混合物使用 20 次后，此铜网仍能保持较高的油水分离效率。

2 ZnO 薄膜的 sol-gel 法制备及抑制生物被膜性能研究

近年来，多孔阳极氧化铝（PAA）广泛应用于光电、催化、传感等领域，在抗微生物黏附及抗菌方面的研究也有报道[123]。PAA 的微观形貌及其负载物成分影响微生物的黏附和生长。如 Ferraz 等[124] 研究了 PAA 表面形貌对单核细胞/巨噬细胞（*Monocytes/Macrophages*）在其表面黏附行为的影响。研究结果表明，纳米孔的大小影响单核细胞/巨噬细胞数量、形态和细胞因子释放。Feng 等[125] 研究了 PAA 孔径大小对大肠杆菌黏附性能的影响。研究结果表明，大肠杆菌附属菌丝更容易探入直径为 50nm 和 100nm 的 PAA 膜孔道，进而使大肠杆菌细胞聚集黏附于 PAA 表面；而在直径为 15nm 和 25nm 的 PAA 表面少有菌丝，大肠杆菌细胞相对短小、分散。Hu 等[126] 采用溶胶-凝胶法在 PAA 孔内植入 CaO-SiO_2-Ag_2O，复合物对大肠杆菌表现出良好的抗菌活性。

本章采用二次阳极氧化法[127] 制备 PAA 膜，研究氧化时间对 PAA 膜微观形貌的影响。借助真空条件，采用 sol-gel 法在 PAA 膜表面制备 ZnO 薄膜，研究 PAA 膜的微观形貌对 ZnO 薄膜微观形貌及疏水性能的影响。以水产品腐败希瓦氏菌（*Shewanella putrefaciens*）作为指示菌种，测定其生物被膜在 PAA 及 ZnO 薄膜表面的生长和附着性能，研究以 PAA 为基底的 ZnO 薄膜微结构和疏水性对其水产品腐败希瓦氏菌生物被膜抑制性能的影响。

2.1 实验材料与仪器

2.1.1 实验材料

实验所用菌种腐败希瓦氏菌（ATCC 8071）购自美国微生物菌种保藏中心，

第 3、4 章相同。高纯铝箔（99.99%，0.3mm）购自石家庄市盛世达金属材料有限公司。

实验所需试剂如表 2-1 所示。

表 2-1 实验试剂

名　　称	级别	生 产 厂 家
无水乙醇	AR	天津市天力化学试剂有限公司
丙酮	AR	天津市风船化学试剂科技有限公司
草酸	AR	天津市科密欧化学试剂有限公司
三氧化铬	AR	天津市福晨化学试剂厂
磷酸	AR	天津市大茂化学试剂厂
氢氧化钠	AR	天津市天力化学试剂有限公司
乙酸锌	AR	国药集团化学试剂有限公司
Si69	GR	南京辰工有机硅材料有限公司
氯化钠	AR	天津市致远化学试剂有限公司
氯化钾	AR	天津市致远化学试剂有限公司
磷酸二氢钾	AR	天津市风船化学试剂科技有限公司
磷酸氢二钠	AR	天津市风船化学试剂科技有限公司
戊二醛	AR	上海晶纯试剂有限公司
LB 营养琼脂	BR	北京奥博星生物试剂有限公司
3%氯化钠碱性蛋白胨	BR	北京奥博星生物试剂有限公司
结晶紫	AR	国药集团化学试剂有限公司
冰乙酸	AR	天津市天力化学试剂有限公司
吖啶橙	A-6014	Sigma，America
碘化丙啶	P4170	Sigma，America
抗荧光淬灭封片剂	BL701A	biosharp 白鲨生物科技
溴化钾	SP	天津市光复精细化工有限公司

2.1.2 实验仪器

实验所需仪器见表 2-2。

表 2-2 实验仪器

名 称	型 号	生 产 厂 家
真空干燥箱	DZF-1B	鄄城威瑞科教仪器有限公司
集热式磁力加热搅拌器	DF-Ⅱ	江苏省荣华仪器制造有限公司
角磨机	WU800	宝时得机械（中国）有限公司
超声波清洗器	SK8210HP	上海科导超声仪器有限公司
直流稳压电源	MS605D	东莞市迈豪电子科技有限公司
X 射线粉末衍射仪（XRD）	Rigaku Ultima IV	日本理学
傅里叶变换红外光谱仪	Scimitar 2000 Near FT-IR Spectrometer	美国安捷伦公司
热重/差热分析仪	Diamond TG/DTA	美国 Perkin Elmer 公司
场发射扫描电子显微镜（FESEM）	S-4800	日本日立
场发射透射电镜（TEM）	Jem-2100F	日本电子株式会社
接触角测量仪	OCA15EC	北京东方德菲有限公司
台式恒温振荡箱	THZ-D	太仓市实验设备厂
立式高压蒸汽灭菌锅	MLS-3030CH	日本三洋有限公司
酶标仪（ELIASA）	Victor X3	上海珀金埃尔默仪器有限公司
激光共聚焦扫描显微镜（LCSM）	TCS-SP5Ⅱ	德国徕卡仪器有限公司

此外，部分实验室常用小型仪器和玻璃器材为市购。

2.2 实 验 方 法

2.2.1 阳极氧化法制备 PAA 膜

2.2.1.1 基片预处理

将 0.3mm 厚、纯度大于 99.99% 的铝片切割为 50mm×50mm，用粒度 1～40μm 的抛光膏逐级打磨抛光至呈现镜面效果，蒸馏水冲洗后于丙酮溶液中超声处理 15min（53kHz，280W）。乙醇清洗后浸渍于 1mol/L NaOH 溶液中 3min，以去除其表面上的氧化层，水洗，风干备用。

2.2.1.2 PAA 膜的制备

一次阳极氧化处理：以铝片为阳极，等面积的石墨为阴极，0.3mol/L $H_2C_2O_4$ 溶液为电解液，在 40V 电压、40mm 电极间距和 40℃ 条件下氧化处理 90min。水洗，晾干备用。

一次阳极氧化后，将铝基片于 60℃ 的 CrO_3-H_3PO_4 混合液（CrO_3：18g/L、H_3PO_4：6%）中浸渍 2h，去除一次氧化所形成的氧化膜，取出后水洗，晾干备用。

二次阳极氧化处理：以石墨为阴极，一次阳极氧化后去掉氧化膜的铝片为阳极，0.3mol/L 的 $H_2C_2O_4$ 为电解液，在 40V 电压、40mm 电极间距和 40℃ 条件下氧化处理不同时间（0、40min、60min 和 80min）后取出，水洗，105℃ 干燥 2h，所得 PAA 基片分别记为 Al-1、Al-2、Al-3、Al-4。

2.2.2 sol-gel 法制备 ZnO 薄膜

将 0.2190g $Zn(CH_3COO)_2 \cdot 2H_2O$ 加入到 50mL、70℃ 无水乙醇中，搅拌至溶解；将 0.08g NaOH 加入 50mL、70℃ 无水乙醇中搅拌至溶解。在剧烈搅拌下，将上述 NaOH 乙醇溶液迅速加至 $Zn(CH_3COO)_2$ 乙醇溶液中，得到透明混合溶液。将已于乙醇溶液中煮沸 10min 的二次阳极氧化后的 PAA 基片于真空度 85kPa 条件下置于上述透明混合溶液中。煮沸混合溶液转为淡蓝色溶胶，10min 后取出 PAA 基片，水洗，80℃ 真空干燥 6h，450℃ 煅烧 2h，自然降温至室温，得到 PAA 为基底的 ZnO 薄膜（PAA/ZnO 薄膜）。与图 2-4 中基片对应分别记为 Zn-1、Zn-2、Zn-3 和 Zn-4。上述蓝色溶胶经加热、老化、离心分离，并用无水乙醇洗涤，得到 ZnO 凝胶。室温下真空干燥 6h 后分别于不同温度煅烧 2h，自然降温至室温，得 ZnO 粉体。

将 PAA/ZnO 薄膜及同期制备的 ZnO 粉体分别浸渍于 $w=1.0\%$ 的 Si69 乙醇溶液中，65℃ 改性处理 2h，40℃ 真空干燥 12h。

2.2.3 PAA 膜及 ZnO 薄膜的表征分析

2.2.3.1 XRD 分析

采用日本理学 Rigaku 公司生产的 Rigaku Ultima Ⅳ 型 X 射线粉末衍射仪对 80℃ 真空干燥 6h 及不同温度煅烧 2h 后的 ZnO 粉体进行 XRD 分析，检测条件为：40kV，50mA，CuKα 辐射，步宽 0.02°，扫描范围 5°~70°。

2.2.3.2 FT-IR 分析

应用美国安捷伦公司的 Scimitar 2000 Near FT-IR Spectrometer 型傅里叶变换红外光谱仪,采用 KBr 压片法对疏水性改性前后的 ZnO 薄膜剥离后的粉体进行 FT-IR 光谱分析,步宽为 $2cm^{-1}$,波长范围为 $4000 \sim 400cm^{-1}$。

2.2.3.3 TG/DTA 分析

采用 Perkin Elmer Diamond TG/DTA 型热重/差热分析仪对 ZnO 凝胶进行热分析测试。实验条件:静态空气气氛,升温速率为 2℃/min,温度范围为 25~980℃。

2.2.3.4 SEM 分析

3kV 喷金 40s 后,采用日本日立 S-4800 型场发射扫描电子显微镜观察 PPA 和 PPA/ZnO 薄膜表面微观形貌,20kV,3.0mm 间距。

2.2.3.5 TEM 和 SAED 分析

将 ZnO 薄膜从基底剥离后于乙醇溶液中超声分散,沉积于铜网,自然干燥后,采用 Jem-2100F 型场发射透射电子显微镜观察其微观形貌,同时进行 SAED 分析。

2.2.3.6 薄膜表面亲水性表征

利用 OCA15EC 接触角测量仪,采用切线法测定 ZnO 薄膜的亲水角,对薄膜的 3 个不同部位测定,取平均值,相对误差小于 1%。

2.2.4 ZnO 薄膜表面腐败希瓦氏菌生物被膜表征及测定

取二次活化后的腐败希瓦氏菌(*Shewanella putrefaciens*)的菌悬液($OD_{595} \approx 0.5$)与 3%NaCl 碱性蛋白胨水(APW)培养液按体积比 1:200 混匀,得菌悬液。取 3.00mL 上述菌悬液于无菌离心管中,放入灭菌后的薄膜样片(0.5cm× 0.5cm),28℃ 培养一定时间后取出,测定其表面生物被膜指标。

2.2.4.1 ZnO 薄膜表面腐败希瓦氏菌生物被膜黏附率测定

取菌悬液中培养不同时间的样片于无菌离心管中,用 $\varphi = 0.85\%$ 的无菌 NaCl 溶液(无菌盐水)1.00mL 洗 3 次去除薄膜表面的浮游菌。加入 0.2%结晶紫溶液 1.00mL,室温染色 15min,1.00mL 无菌盐水洗 3 次,以去除样片表面附着的结晶紫。加入 $\varphi=33\%$ 的乙酸溶液 $200\mu L$，53kHz、280W 超声处理 10min，脱除样片表面结晶紫染色的生物被膜，将液体全部转移至 96 孔板。测定 OD_{595}，结果以"平均值±标准差"表示，每个样品做 3 个平行试验。

2.2.4.2　ZnO 薄膜表面腐败希瓦氏菌生物被膜中的被膜菌生长曲线测定

取菌悬液中培养一定时间的样片于无菌离心管中，用 1.0mL 无菌磷酸盐缓冲液（PBS，pH=7.4；137mmol/L NaCl，2.7mmol/L KCl，10mmol/L Na_2HPO_4，1.8mmol/L KH_2PO_4）洗涤 3 次，以去除薄膜表面的浮游菌。加入 10mL 无菌 PBS 溶液，53kHz、280W 超声处理 10min，将生物被膜从样片上剥离得到菌悬液。梯度稀释菌悬液，采用平板计数法测定生物被膜上水产品腐败希瓦氏菌的菌落数量，测定结果采用"平均值±标准偏差"表示，每个样品做 3 个平行试验，绘制被膜菌的菌落生长曲线。

2.2.4.3　ZnO 薄膜表面腐败希瓦氏菌生物被膜微观形貌观察

取菌悬液中培养一定时间的样片于无菌离心管中，无菌水洗涤 3 次后放入 4℃预冷的 2.5% 戊二醛中浸泡 4h，取出后分别于 50%、70%、80%、90%、100%（体积分数）的乙醇溶液中浸泡 30min，再于无水乙醇中浸泡 60min，超净台内自然风干。样品经喷金处理（3kV、40s）后，采用扫描电子显微镜观察表面微观形貌。

2.2.4.4　ZnO 薄膜表面水产品腐败希瓦氏菌生物被膜生长状态观察

称取吖啶橙（AO）2.00mg 溶于 1mL PBS（pH=7.4）溶液中，得 2% 的吖啶橙溶液。称取 5.00mg 碘化丙啶（PI）溶于 $250\mu L$ PBS 溶液，得 2% 的碘化丙啶溶液。AO 工作浓度为 0.01%，PI 工作浓度为 0.1%[128]，用前混合。菌悬液中培养一定时间的样片，用 PBS 溶液洗涤 3 次后滴加 AO 与 PI 混合染液 $10\mu L$，避光染色 15min，再用 PBS 溶液洗涤 3 次，吸干多余水分，加 $10\mu L$ 抗荧光淬灭封片剂用盖玻片封闭于清洁载玻片上，4℃避光保存。在激光共聚焦显微镜下观察。

2.3　结果与讨论

2.3.1　sol-gel 法合成 ZnO 粉体的 XRD 表征

与 ZnO 薄膜同时制备的粉体经不同温度煅烧后的 XRD 谱图如图 2-1 所示。

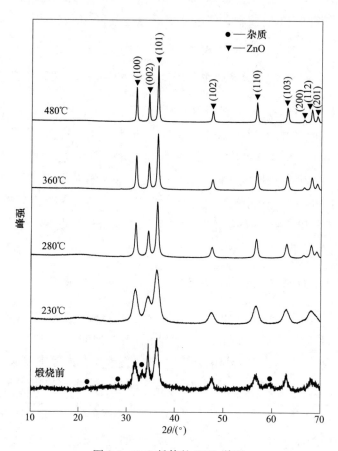

图 2-1 ZnO 粉体的 XRD 谱图

由图 2-1 可见，未煅烧样品在 2θ 为 31.70°、34.52°、36.31°、47.68°、56.82°、62.92° 和 67.92° 出现强衍射峰，分别对应于 ZnO 晶体的（100）、（002）、（101）、（102）、（110）、（103）和（112）晶面，与六角纤锌矿结构 ZnO 晶体的标准卡符合（PDF # 36-1451，$a = b = 0.3250\text{nm}$ 和 $c = 0.5207\text{nm}$）。但各衍射峰峰形不够尖锐，半峰宽（FWHM）较宽，说明样品结晶度较低，晶体粒径较小。同时，图谱中存在少量杂峰，说明样品中仍存在少量中间产物。

230℃ 煅烧后，样品的 XRD 谱图中的杂质峰消失，且衍射峰强度增加，检测噪声消失，但 ZnO 晶体的衍射峰仍较宽，说明 ZnO 生成过程中的中间产物已转化，但此过程未使 ZnO 晶体的粒度增加。随着煅烧温度的升高，ZnO 晶体的衍射峰逐渐变得尖锐，半峰宽变窄，说明样品经高温煅烧后其结晶度增强，晶体粒径长大。由 Scherrer 公式 $D = K\lambda / (\beta\cos\theta)$ 计算的 ZnO 晶体粒径见表 2-3。

表 2-3 不同煅烧温度制备 ZnO 的 XRD 表征数据

ZnO 样品	煅烧前	煅 烧 后			
		230℃	280℃	360℃	480℃
$2\theta/(°)$	36.317	36.200	36.300	36.380	36.380
半峰宽/(°)	0.686	0.770	0.494	0.408	0.305
晶粒尺寸/nm	12.1	10.7	16.7	20.3	27.1

由表 2-3 可见，煅烧使 ZnO 晶体结晶度增强，晶体粒径增大，说明煅烧有利于 ZnO 晶体的结晶和长大。$Zn(CH_3COO)_2 \cdot 2H_2O$ 乙醇溶液与 NaOH 混合后，生成的 ZnO 分子数百个组成几纳米的 ZnO 胶束，CH_3COO^- 的空间位阻作用使得 ZnO 胶体得以稳定存在。加热过程中胶体的双电层结构被破坏，ZnO 胶束发生聚合及奥斯特瓦尔德生长（熟化）[129]，ZnO 晶粒长大，形成 ZnO 醇凝胶，干燥后得到 ZnO 粉体。ZnO 胶束的形成一般认为符合 Spanhel-Anderson 过程，即生成中间体 $Zn_4O(CH_3COO)_6$[130,131]。

分析认为，在 $Zn(CH_3COO)_2$ 乙醇溶液中，仅含有化合物 $Zn(CH_3COO)_2 \cdot 2H_2O$ 里的结合水，CH_3COO^- 水解反应受到抑制[132~134]，$Zn(CH_3COO)_2 \cdot 2H_2O$ 受热生成前驱体 $Zn_4O(CH_3COO)_6$：

$$4Zn(CH_3COO)_2 \cdot 2H_2O \longrightarrow Zn_4O(CH_3COO)_6 + 2CH_3COOH + H_2O \quad (2\text{-}1)$$

加入 NaOH 乙醇溶液后，生成中间体 $Zn_5(OH)_8(CH_3COO)_2 \cdot 2H_2O$：

$$5Zn_4O(CH_3COO)_6 + 22NaOH + 13H_2O \longrightarrow$$
$$4Zn_5(OH)_8(CH_3COO)_2 \cdot 2H_2O + 22CH_3COONa \quad (2\text{-}2)$$

同时发生中和反应：

$$CH_3COOH + NaOH \longrightarrow CH_3COONa + H_2O \quad (2\text{-}3)$$

中间体 $Zn_5(OH)_8(CH_3COO)_2 \cdot 2H_2O$ 受热分解转变为 ZnO 相：

$$Zn_5(OH)_8(CH_3COO)_2 \cdot 2H_2O \longrightarrow 5ZnO + 2CH_3COOH + 5H_2O \quad (2\text{-}4)$$

2.3.2 TG/DTA 分析

对 ZnO 凝胶进行 TG/DTA 分析，结果如图 2-2 所示。

由图可见，TG 曲线可以分为 3 个阶段。一是在室温至 100℃ 区间，样品质量损失约为 68.6%，对应于 ZnO 凝胶中溶剂乙醇和水的脱附释放。相应地，在 DTA 曲线上，62℃ 有一吸热峰。二是 100~400℃ 区间，样品质量损失约为 3.8%。XRD 研究结果表明，样品经 230℃、280℃、360℃ 煅烧后晶型并未改变，而晶体粒径逐渐增大。分析认为，其质量损失可能是由于煅烧过程中 ZnO

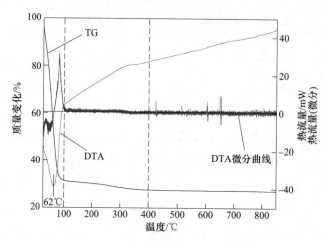

图 2-2　ZnO 凝胶的 TG/DTA 曲线

晶粒长大，部分小颗粒晶体聚集长大过程中有少量毛细孔水和结构水失去。三是 400~850℃区间，样品质量损失很小，没有明显的吸热峰，表明在此阶段 ZnO 没有晶型转变。同时，XRD 研究结果表明，经 480℃煅烧后，ZnO 晶粒长大至 27.1nm，且 ZnO 结晶度更高，这与 XRD 分析结果相符。PAA/ZnO 薄膜煅烧温度选为 480℃。

2.3.3　PAA 膜的微观形貌分析

经一次或二次阳极氧化得到的 PAA 膜表面的微观形貌分析如图 2-3 所示。由图可见，采用 CrO_3-H_3PO_4 混合液去除一次阳极氧化的 Al_2O_3 膜后铝基底上留下密集排列的六方形蜂巢状框架，其内部有直径 5~10nm 的小孔（图 2-3a）。二次阳极氧化 40min 后，这些小孔被多层壳框架取代（图 2-3b）。当延长二次阳极氧化时间至 60min 时，网格状多层框架趋于消失，且 PAA 膜表面多孔的孔径增大至 20~40nm（图 2-3c），材料表面出现脊状突起。二次阳极氧化时间延长至 80min 时，多层框架完全消失，且 PAA 膜表面多孔的孔径增大至 60~70nm（图 2-3d），材料表面脊状突起消失。

根据"酸性场致溶解"的孔成核理论[135]，阳极氧化开始后，阻挡层氧化膜逐渐变得不均匀，出现脊状裂缝突起，酸性场致溶解在这些点加剧，微孔胚胎就在该处形成并进一步发展。在临界电流密度以下，金属/氧化膜界面不断生成氧化膜；同时在氧化膜/酸性电解液界面，产生的 Al^{3+} 全部进入溶液，不生成氧化膜。随着多孔膜的生长，在较深的孔道中，局部电场更容易增强，使孔道底部的

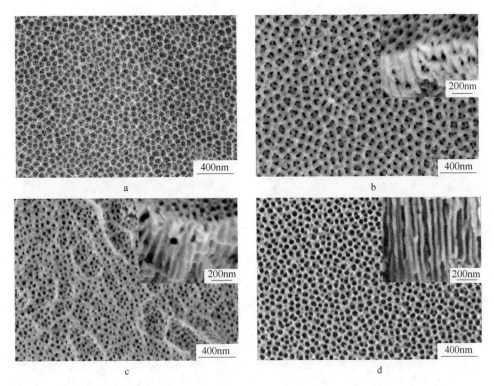

图 2-3　不同二次氧化时间 PAA 膜的 SEM 图

a—0min；b—40min；c—60min；d—80min；b~d 中小图为剖面图

阻挡层氧化膜中的 Al^{3+} 比其他地方更容易溶解，加速了孔道向阻挡层内部的深入发展。而在氧化膜表层，由于电场压应力、酸性场致溶解及电解液的交互作用产生了渗透通道，逐渐形成氧化膜规则孔道。因此在多孔膜底部呈现出内部有小孔的六边形蜂巢状框架结构，如图 2-3a 所示。对该样品进行二次氧化时，随着氧化时间的延长，表层逐渐形成氧化膜规则孔道，且在二次氧化过程中孔道逐渐贯穿，表层的骨架结构和脊状突起逐渐消失，如图 2-3b~d 中右上角小图（剖面图）所示。

2.3.4　ZnO 薄膜的微观形貌分析

材料表面形貌、粗糙度及物质成分决定其抑制生物被膜形成的性能。PAA 基片上制备 ZnO 薄膜的微观形貌如图 2-4 所示。

由图可见，受 PAA 基片表面形貌特征的影响，ZnO 薄膜表面的微观形貌存在显著差异。随着 PAA 膜孔径的增大，ZnO 颗粒在其外表面的附着率逐渐减小。图 2-4a 中，由于基底 PAA 膜表面孔洞小于 ZnO 颗粒粒径，ZnO 颗粒密集地附着

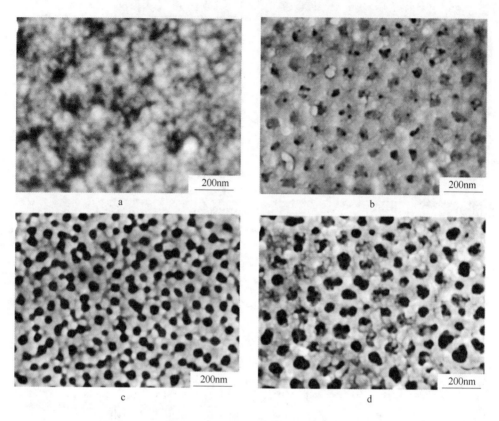

图 2-4 ZnO/PAA 薄膜的 SEM 图
a—Zn-1；b—Zn-2；c—Zn-3；d—Zn-4

于 PAA 膜表面形成较厚的 ZnO 膜，ZnO 颗粒团聚且粒径较大（20~30nm）；由图 2-4b 可见，形成的纳米 ZnO 薄膜表面仍然保留了原来 PAA 基底的框架结构；由图 2-4c 可见，ZnO 颗粒附着于 PAA 骨架上，较大的内部孔洞并未填满；由图 2-4d 可见，粒径 10~20nm 的 ZnO 颗粒附着于 PAA 孔洞的边缘，同时有少量 ZnO 颗粒附着在 PAA 孔洞的内壁上，可能是由于基片孔洞较大，真空条件下溶胶进入孔洞而成。Wu 等[136]认为溶胶颗粒更容易在空洞壁上形成，因为溶胶颗粒带负电荷而 PAA 膜孔壁带正电荷，异性电荷相吸引。本实验结果表明，只有当 PAA 孔洞足够大时，溶胶颗粒才能在真空条件下进入孔洞而附着于其内表面。而 PAA 孔洞较小时，溶胶颗粒首先附着于其外表面的 PAA 孔洞的支架上。比较可见，PAA 孔洞不影响 ZnO 颗粒的大小。

为了进一步分析 ZnO 薄膜的微观结构，对剥离后的 ZnO 薄膜进行 TEM 及 SAED 分析，结果如图 2-5 所示。由图可见，Zn-1 上 ZnO 颗粒粒径约为 20nm，紧密地随机排列；而 Zn-2、Zn-3 和 Zn-4 上 ZnO 颗粒附着于 PAA 基底，其孔壁边缘处 ZnO 颗粒密集，特别是在 Zn-4 上可以清晰地观察到纳米 ZnO 颗粒呈珠串状附着于 PAA 孔壁上，ZnO 颗粒粒径约为 20nm，该结果与 SEM 表征结果一致。分析认为，ZnO 溶胶首先附着于 PAA 孔壁上，干燥、煅烧后以颗粒形式附着于 PAA 孔壁，形成 ZnO 膜层。图 2-5b、d 为样品的 SAED 图，表明纳米 ZnO 呈多晶态，衍射光斑分别与六角纤锌矿结构 ZnO 的（100）、（101）、（102）、（110）和（103）晶面相对应，进一步证明样品为六角纤锌矿型 ZnO，与 XRD 分析结果一致。

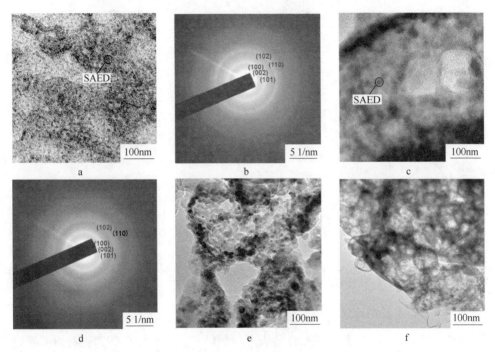

图 2-5 ZnO 薄膜的 TEM 图和 SAED 图

a—Zn-1 TEM 图；b—Zn-1 SAED 图；c—Zn-2 TEM 图；

d—Zn-2 SAED 图；e—Zn-3 TEM 图；f—Zn-4 TEM 图

2.3.5 疏水性改性前后 ZnO 的 FT-IR 表征

图 2-6 为疏水性改性前后 ZnO 薄膜的 FT-IR 谱图。由图可见，$3600 \sim 3300cm^{-1}$ 附近的宽吸收峰为—OH 伸缩振动吸收峰，$1651cm^{-1}$ 处吸收峰为—OH 的弯曲振动吸收峰，表明样品中均含有表面吸附水和毛细孔水[137]。$2360cm^{-1}$ 和 $2328cm^{-1}$ 的吸收峰是空气中的 CO_2 引起的。$2943cm^{-1}$ 和 $2864cm^{-1}$ 分别为—CH_2 不对称和对称伸缩振动吸收峰。$1475cm^{-1}$ 处的强吸收峰为—CH 基团的面内弯曲振动峰或—CH_2 基团的剪式振动峰[138,139]，$895cm^{-1}$ Si—O 基团的伸缩振动[140]。

440cm⁻¹和 414cm⁻¹处的吸收峰分别为改性前后 Zn—O 基团骨架的振动峰[141]。结果表明，改性使 Si69 的 S—S 键断裂，—[(C₂H₅O)₃SiCH₂CH₂CH₂]基团嫁接到样品表面，因此 ZnO 膜的疏水性增强。王振华[142]也报道了通过 Si69 原位改性纳米 ZnO 颗粒使疏水性基团"嫁接"到 ZnO 表面。这与作者的分析结果是一致的。

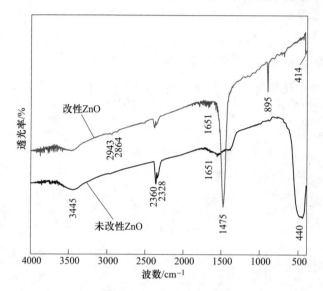

图 2-6 疏水性改性前后 ZnO 薄膜的 FT-IR 谱图

2.3.6 ZnO 薄膜表面亲疏水性表征

薄膜表面的亲疏水性对生物被膜的黏附影响很大。如 Bonsaglia 等[106]发现单核细胞增生李斯特菌黏附在亲水性的表面的数量多于疏水性表面；也有研究发现疏水性涂层可降低或抑制其表面细菌黏附及生物被膜的形成[143,144]。为提高 ZnO 薄膜的抑制生物被膜形成的性能，对已制备的不同形貌的 ZnO 薄膜进行疏水性改善处理，改性前后 ZnO 薄膜表面的水接触角如表 2-4 所示。

表 2-4 ZnO 薄膜的水接触角

样品	接触角/(°)	
	改性前	改性后
Zn-1	75.5±0.3	125.5±0.3
Zn-2	29.6±0.3	149.8±0.3
Zn-3	45.9±0.3	107.1±0.3
Zn-4	61.5±0.3	99.3±0.3

由表 2-4 可知, 改性前 ZnO 薄膜表面水接触角均小于 90°, 样品具有亲水性, 可能是由于 ZnO 颗粒表面的结合水使其具有亲水性, 且 Zn-2 的亲水性最强, Zn-1 的亲水性最弱。分析认为, 由于 Zn-2 表面具有较大孔隙的微观结构 (图 2-5b), 具有亲水性能的 ZnO 颗粒均布于孔隙骨架的表面及孔隙的内表面, 形成起伏不平的 ZnO 薄膜, 其表面 ZnO 颗粒配合的结合水在 "相似相容" 原理的作用下, 能够充分结合外界的极性分子, 表现出很强的亲水性能。而 Zn-3、Zn-4 的孔隙结构发生变化, 其表面附着的 ZnO 颗粒数量逐渐减少, 且较大的孔洞产生的承托效应较大, 则其亲水性逐渐减弱。而对于 Zn-1 薄膜, ZnO 颗粒沉积量较大, 但其不均匀沉积形成了具有大量孔洞的不均匀表面, 表现为其亲水性减弱。

改性后 ZnO 薄膜表面水接触角均大于 90°, 表明 Si69 改性使 ZnO 薄膜表面均由亲水转变为疏水。分析认为, ZnO 薄膜经过 Si69 改性后, 其表面结合了疏水性基团, 致使 ZnO 薄膜表面能降低, 同时, 由于水具有较大的表面能, 在液固相界面上存在较大的界面表面张力, 不利于润湿和黏附, 改性后的 ZnO 薄膜表面疏水性增强, 表现为水接触角增大。Zn-1、Zn-3、Zn-4 薄膜的疏水性均有一定程度的增强, 与其微观结构有关。而 Zn-2 经 Si69 改性后, 由强亲水性变为接近于超疏水表面, 疏水性改善强度很大。分析认为, 由于该表面的 ZnO 颗粒附着于六边形孔洞的边缘及内壁, 在 Si69 改性后, 非极性基团在颗粒表面均匀附着, 形成均匀的微孔结构, 使超亲水的 ZnO 表面变为超疏水表面。

2.3.7 ZnO 薄膜表面腐败希瓦氏菌生物被膜表征分析

PAA 对革兰氏阴性菌 (E. coli and P. aeruginosa) 及革兰氏阳性菌 (S. faecalis and S. aureus) 均没有抗菌活性。而 ZnO 具有优良的抗菌和抑制生物被膜性能, 抑制生物被膜和抗菌活性之间存在正相关[21,145]。此外, ZnO 的抗菌性能受其微观结构的影响[22]。为了获得良好的抗菌活性表面, 制备了如图 2-4 所示的 ZnO/PAA 膜, 并测定了其抗菌及抑制生物被膜性能。

2.3.7.1 薄膜表面腐败希瓦氏菌生物被膜黏附及生长曲线

生物被膜的形成可以归纳为 5 个阶段: 初始细菌的可逆附着; 从可逆到不可逆附着的转化; 生物膜结构的早期发展; 微菌落形成成熟的生物被膜以及生物被膜态细菌分解; 返回到浮游状态[146]。ZnO 薄膜表面水产品腐败希瓦氏菌生物被膜的黏附率随着时间的变化情况如图 2-7 所示。

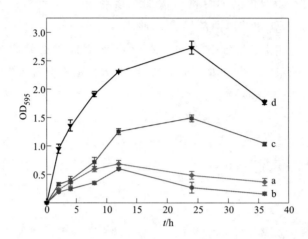

图 2-7 腐败希瓦氏菌生物被膜的黏附率变化曲线 （3 个平行，$^*P < 0.05$）
a—Zn-1；b—Zn-2；c—Zn-3；d—Zn-4

由图 2-7 可见，在 0~2h，ZnO 薄膜表面黏附的生物被膜量迅速增加，表明细菌从最初的可逆附着转化为不可逆附着。在 2~12h，Zn-3、Zn-4 的生物被膜黏附率增加，此阶段为生物被膜的生长期。12~24h，生物被膜黏附率增加缓慢，生物被膜进入成熟期。24h 后，生物被膜黏附率下降，生物被膜进入衰退期。而 Zn-1、Zn-2，在 2~8h 阶段为生物被膜的生长期，至 12h，生物被膜进入成熟期。12h 后，生物被膜黏附率开始下降，生物被膜早于 Zn-3、Zn-4 进入衰退期。

此外，图 2-7 的结果表明，Zn-4 薄膜表面极易附着生物被膜，被膜黏附总量大，生长周期长。而 Zn-3 表面生物被膜的附着性能也较强。而 Zn-1 和 Zn-2 薄膜表面生物被膜黏附量较小，说明其表面不利于生物被膜黏附，且 Zn-2 表面抑制生物被膜黏附的性能最优。

生物被膜的被膜菌生长经历适应期、对数增殖期、稳定期及衰亡期几个阶段。随着培养时间的延长，被膜菌数量如图 2-8 所示。

由图 2-8 可见，被膜菌均在 12h 达到最大值，随后逐渐下降。在 0~4h，Zn-1、Zn-2 薄膜表面的被膜菌数量最少，而 Zn-3、Zn-4 表面的被膜菌较多。分析认为，在生物被膜的黏附和形成初期，Zn-1 和 Zn-2 表面由于疏水性较强，有效减少了细菌的黏附数量。在生物被膜的成熟阶段（4~12h），Zn-2 的活菌数量增长较慢，其他三个样品的活菌数量继续快速增加。这说明 Zn-2 在该阶段有较强的抗菌性。12h 后，Zn-1 和 Zn-2 的生物被膜处于衰退阶段，活菌数量也随之减少；

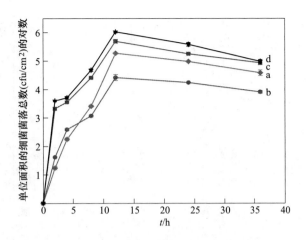

图2-8 腐败希瓦氏菌生物被膜的被膜菌生长曲线（3个平行，*P<0.05）

a—Zn-1；b—Zn-2；c—Zn-3；d—Zn-4

而Zn-3和Zn-4的活菌数开始减少，生物被膜却继续增加到24h达到峰值。这可能是由于Zn-3和Zn-4的表面疏水性较弱，使生物被膜的胞外多糖等紧密附着于其表面，ZnO的抗菌性被抑制，活菌继续分泌胞外多糖等致使生物被膜继续生长。而Zn-2经改性后疏水性最强，表面的超疏水性能使其能更好地抑制生物被膜黏附。而且相对于Zn-3和Zn-4，Zn-1表面较好的疏水性能减少了生物被膜黏附量，其表面附着更多的ZnO颗粒，更有助于其抗菌作用的发挥。这与作者团队早期研究结果一致[147]。

2.3.7.2 ZnO薄膜表面腐败希瓦氏菌生物被膜微观形貌分析

ZnO薄膜表面腐败希瓦氏菌生物被膜不同生长阶段的微观形貌如图2-9所示。

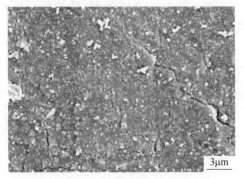

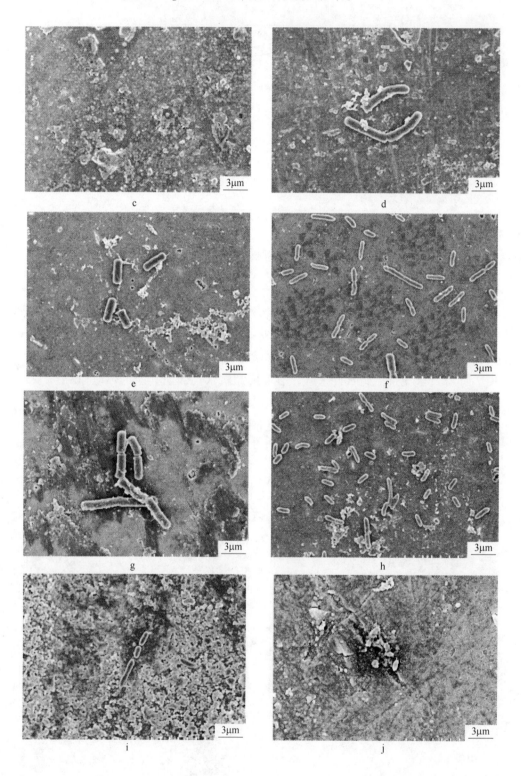

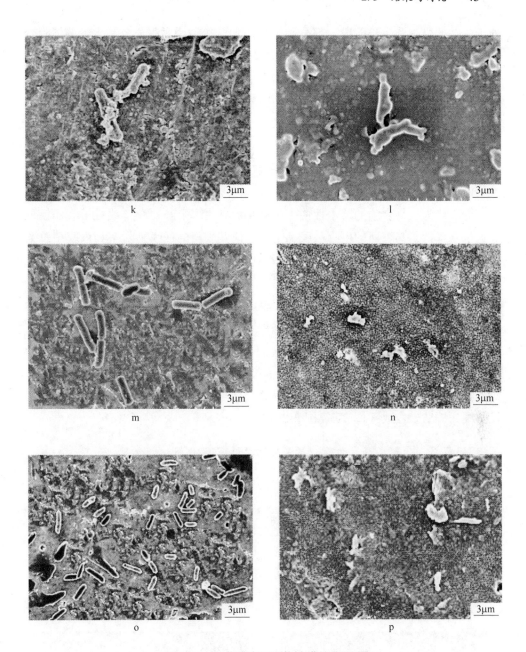

图 2-9 ZnO 薄膜表面生物被膜的 SEM 图

a—Zn-1, 2h; b—Zn-1, 12h; c—Zn-2, 2h; d—Zn-2, 12h; e—Zn-3, 2h; f—Zn-3, 12h;

g—Zn-4, 2h; h—Zn-4, 12h; i—Zn-1, 24h; j—Zn-1, 36h; k—Zn-2, 24h;

l—Zn-2, 36h; m—Zn-3, 24h; n—Zn-3, 36h; o—Zn-4, 24h; p—Zn-4, 36h

由图 2-9 可见，ZnO/PAA 复合膜基片在腐败希瓦氏菌液中培养 2h 时，细菌处于最初的黏附和生长阶段，部分胞外多糖 EPS 等被膜黏附成分和少量菌体附着于 ZnO 薄膜上，随着微生物的生长，更多的被膜黏附成分和菌体附着于 ZnO 薄膜上。当培养 12h 后，黏附的细菌开始大量繁殖，细菌饱满而富有生命力，生物膜生长并进入成熟阶段，ZnO 表面上的胞外多糖膜逐渐增厚，被膜菌生长状态良好。24h 后细菌数量开始下降，在 Zn-2 中可以观察到有死菌出现，但 Zn-4 表面的被膜菌数量仍较大。到 36h 时细菌大量萎缩，死菌数量增多，细菌细胞受损，胞外多糖膜从 ZnO 薄膜表面脱落，生物被膜进入衰退阶段。且 Zn-2、Zn-1 表面被膜菌数量明显少于 Zn-3、Zn-4。

分析认为，复合膜的疏水性使生物被膜的黏附率下降，Zn-2 改性后表面接近超疏水，降低了其表面的生物被膜黏附率，使其表面的被膜黏附率和被膜菌总数均最小；此外，ZnO/PAA 膜中的纳米 ZnO 颗粒对水产品腐败希瓦氏菌的生长和繁殖具有抑制作用。根据金属离子溶出抗菌机理[34]，随着培养时间的延长，水产品腐败希瓦氏菌生物膜黏附于复合膜表面，与纳米 ZnO 颗粒密切接触时，Zn^{2+} 逐渐溶解出来，和细菌体内活性蛋白酶相结合使其失去活性，最后导致细菌细胞被损坏直至死亡。由于 Zn-1 和 Zn-2 表面 ZnO 颗粒数量较多，其抑菌性能优于 Zn-3 和 Zn-4。Xie[64] 和 Jones[33] 等也认为抑菌性能随着 ZnO 纳米颗粒剂量的增加而增强。同时，Zn-4 表面的被膜量和被膜菌数均比其他样品的多，这与黏附和生长曲线分析结果一致（图 2-7、图 2-8）。

2.3.7.3 ZnO 薄膜表面死、活腐败希瓦氏菌数分析

采用 CLSM 观察 ZnO 薄膜表面腐败希瓦氏菌生物被膜生长状态，如图 2-10 所

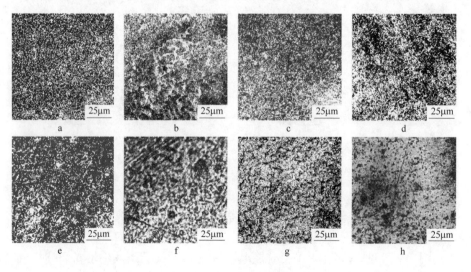

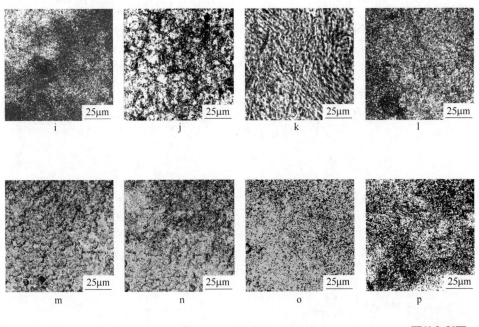

图 2-10　ZnO 薄膜表面生物被膜不同生长阶段的 CLSM 图

a—Zn-1, 2h；b—Zn-1, 12h；c—Zn-1, 24h；d—Zn-1, 36h；

e—Zn-2, 2h；f—Zn-2, 12h；g—Zn-2, 24h；h—Zn-2, 36h；

i—Zn-3, 2h；j—Zn-3, 12h；k—Zn-3, 24h；l—Zn-3, 36h；

m—Zn-4, 2h；n—Zn-4, 12h；o—Zn-4, 24h；p—Zn-4, 36h

图 2-10 彩

示。图 2-10 表明各生长阶段生物被膜中腐败希瓦氏菌的活菌（绿色）和死菌（红色）数。黑色图像表明生物被膜培养 2h 后，活菌数量较少。随着培养时间的延长，被膜菌迅速繁殖，活菌数量显著增加。24h 时，Zn-1 和 Zn-2 上出现较多的死菌，36h 时所有样片上均有较多的死菌，且 Zn-4、Zn-3 的死菌数较少，Zn-1、Zn-2 的死菌数较多，说明 Zn-1 和 Zn-2 具有较强的抑菌性能，与前面的分析结果一致。

2.4　本 章 小 结

本章首先采用两步阳极氧化法制备了具有不同微观形貌的 PAA 膜，然后采用 sol-gel 法在 PAA 膜上制备 ZnO 薄膜，研究了 ZnO 薄膜的结构、微观形貌、疏水性能对其抑制生物被膜性能的影响，并分析了其抑制生物被膜黏附及生长的机理。结果表明，具有六方形蜂巢状框架结构的 ZnO 薄膜经 Si69 改性后具有很好的疏水性能，更因其表面较大的 ZnO 覆盖率使其具有良好的抑菌性能。且其表面附着的大量 ZnO 颗粒对被膜菌的杀菌性较强，因此，该样品表现出较强的抑制水产品腐败希瓦氏菌生物被膜性能。

3 ZnO 薄膜的水热法合成及抑制生物被膜性能研究

不锈钢表面美观、使用可能性多样化，具有良好的耐蚀性、耐热性，以及优良的机械强度和延展性，广泛应用于建筑装潢、机械工程、交通运输、公共设施、厨卫用品家用电器、医疗器械及 3D 打印等领域[148,149]。在使用过程中，不锈钢制品表面容易黏附水滴、灰尘、油污、细菌等威胁人们的健康。在制备和加工过程中，通过改变工艺条件可以在一定程度上调控不锈钢材料表面的性能，而通过阳极氧化、离子冶金技术、离子注入、溶胶-凝胶涂敷、水热以及化学气相沉积等技术对不锈钢材料表面镀膜、修饰、改性等，能更好地使其表面功能化[150,151]。因此通过表面改性技术制备具有一定疏水、疏油、耐腐蚀、抗磨损、抗菌等性能的不锈钢材料具有非常重要的现实意义和广阔的应用前景。

本章将 sol-gel 法和水热法相结合，在不锈钢表面原位合成 ZnO 薄膜并研究 ZnO 薄膜抑制生物被膜性能。通过调节水热反应前驱体的 pH 值及 Ag 加入量，构建具有一定微观形貌的 ZnO 薄膜，并研究其生长机制。以腐败希瓦氏菌作为指示菌种，测定其生物被膜在 ZnO 薄膜表面的生长和附着性能，分析不同微观结构和 Ag 修饰量的 ZnO 薄膜的疏水性能及其对其希瓦氏腐败菌生物被膜抑制性能的影响。

3.1 实验材料与仪器

3.1.1 实验材料

基片：不锈钢片（硬度：HV300~580，0.3mm，石家庄市盛世达金属材料有限公司，上海）。

实验所需试剂如表 3-1 所示。其他试剂级别和生产厂家与第 2 章相同。

表3-1 实验试剂

名　称	级别	生 产 厂 家
六次甲基四胺	AR	国药集团化学试剂有限公司
氨水	AR	天津市风船化学试剂科技有限公司
硬脂酸	AR	国药集团化学试剂有限公司
硝酸银	AR	南京化学试剂股份有限公司

3.1.2 实验仪器

实验所需仪器见表3-2。

表3-2 实验仪器

名　称	型号	生 产 厂 家
水热反应釜	PPL-100mL	济宁市兖州区泰宏化学科技有限公司
激光拉曼光谱仪	Lab Ram HR Evolution	Horiba Jobin Yvon

其他仪器型号和生产厂家与第2章相同。

3.2 实 验 方 法

3.2.1 不锈钢基片上 ZnO 薄膜的水热法合成

3.2.1.1 基片预处理

将 0.3mm 厚、硬度为 HV300~580 的不锈钢片切割为 50mm×50mm，用 800 号砂纸精细打磨，蒸馏水冲洗后于丙酮溶液中超声处理 15min（53kHz，280W），乙醇清洗后，风干备用。

3.2.1.2 不锈钢基片表面 ZnO 晶种的制备

将 0.2190g $Zn(CH_3COO)_2 \cdot 2H_2O$ 加入 50mL、70℃无水乙醇中搅拌至溶解；将 0.08g NaOH 加入 50mL、70℃无水乙醇中搅拌至溶解。在剧烈搅拌下，将上述 NaOH 乙醇溶液迅速加入 $Zn(CH_3COO)_2$ 乙醇溶液中，得到透明混合溶液。将预处理后不锈钢片置于上述透明混合溶液中。煮沸混合溶液至转为淡蓝色溶胶，取出样片，110℃干燥 1h，280℃煅烧 30min，得到表面附着 ZnO 晶种的不锈钢基片。溶胶加热老化，经离心分离、干燥，280℃煅烧 30min 得到粉体。

3.2.1.3　水热条件下 ZnO 晶种在不锈钢片表面的生长

将 0.3285g Zn(CH$_3$COO)$_2$·2H$_2$O 和 0.2100g C$_6$H$_{12}$N$_4$ 溶解于去离子水中，滴加氨水调节溶液 pH 值分别为 9.5、10.5 和 11.5，定容至 75mL。此水热生长前驱体溶液中 Zn^{2+} 和六亚甲基四胺浓度均为 0.02mol/L。

将上述前驱体溶液装入 100mL 水热反应釜中至填充率为 75%，附着 ZnO 晶种的不锈钢基片倾斜放入其中，封闭反应釜，于 95℃ 水热反应 12h。自然冷却至室温，取出样片，去离子水清洗后，110℃ 干燥 2h，480℃ 煅烧 2h，得到不锈钢基 ZnO 薄膜样片。

将样片浸渍于 10mmol/L 硬脂酸/乙醇溶液中，在 65℃ 改性处理 2h，40℃ 真空干燥 12h。

3.2.1.4　Ag/ZnO 薄膜的水热合成

水热生长前驱体溶液中 Zn^{2+} 和六亚甲基四胺浓度均为 0.02mol/L，Ag$^+$ 与 Zn^{2+} 的摩尔比分别为 0%、0.5%、1% 和 2%。滴加氨水调节溶液 pH 值为 11.5。

其他实验条件同 3.2.1.3。

3.2.2　ZnO 薄膜的表征方法

采用 Horiba Jobin Yvon Lab Ram HR Evolution 拉曼光谱仪对 ZnO 薄膜进行拉曼光谱分析，激发波长为 532nm。其他与第 2 章相同。

3.2.3　ZnO 薄膜表面腐败希瓦氏菌生物被膜表征及测定

方法同 2.2.4 节。

3.3　结果与讨论

3.3.1　sol-gel 法制备的 ZnO 种子层的微观形貌及粉体的 XRD 表征

采用 sol-gel 法于不锈钢基片表面制备的 ZnO 种子层的微观形貌如图 3-1 所示。由图可见，种子层 ZnO 纳米颗粒分布较为均匀。种子层 ZnO 纳米颗粒在阵列生长中作为晶种可减少水热生成的 ZnO 层与基底的晶格失配，起到缓冲层的作用，同时 ZnO 作籽晶也有利于水热过程中 ZnO 纳米棒的定向生长[152]。

与 ZnO 种子层同时制备的粉体的 XRD 谱图如图 3-2 所示。由图可见，280℃

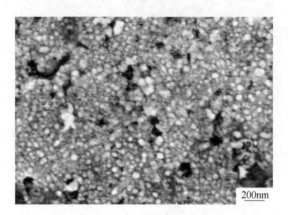

图 3-1 ZnO 种子层的 SEM 图

煅烧后粉体在 2θ 为 31.70°、34.52°、36.31°、47.68°、56.82°、62.92°、66.5°、67.92° 和 69.2° 出现强衍射峰，分别对应于 ZnO 晶体的（100）、（002）、（101）、（102）、（110）、（103）、（200）、（112）和（201）晶面，与六角纤锌矿结构 ZnO 晶体的标准卡符合（PDF#36-1451，$a=b=0.3250nm$ 和 $c=0.5207nm$）。结果表明，不锈钢片上制备的种子层为六角纤锌矿结构 ZnO 晶体。

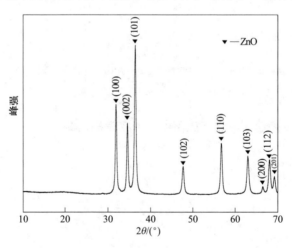

图 3-2 ZnO 粉体的 XRD 谱图

3.3.2 不同 pH 值条件下制备的 ZnO 薄膜形貌及结构表征

3.3.2.1 ZnO 薄膜的 XRD 表征

ZnO 薄膜 XRD 谱图如图 3-3 所示。由图可见，当反应体系 pH 值为 9.5 时，不锈钢基片表面生长的 ZnO 薄膜的衍射峰非常弱，而不锈钢基底的衍射峰相对较强，说明 ZnO 薄膜厚度小于 200nm。而反应体系 pH 值为 10.5 和 11.5 时，不锈钢基片表面生长 ZnO 薄膜样品的主要衍射峰均较强，且与六角纤锌矿结构 ZnO 晶体的标准卡符合（PDF # 36-1451）。所有样品均在对应于 ZnO 晶体的（002）晶面出现最强衍射峰，说明 ZnO 沿着晶体 c 轴取向生长。Jade.5 软件分析结果见表 3-3。

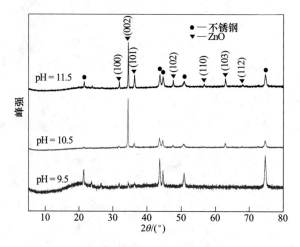

图 3-3　ZnO 薄膜的 XRD 谱图

表 3-3　不同 pH 值制备的 ZnO 薄膜的 XRD 表征数据

ZnO 薄膜（002）晶面	pH = 9.5	pH = 10.5	pH = 11.5
$2\theta/(°)$	34.364	34.430	34.481
d/nm	0.26075	0.26027	0.25990
半峰宽/(°)	0.081	0.193	0.170

由表 3-3 可知，随着反应体系 pH 值的增大，ZnO 薄膜样品的主要衍射峰对应的 2θ 角增大，（002）晶面间距减小，说明晶体中缺陷含量减少，衍射峰向高衍射角偏移。反应体系 pH 值为 10.5 和 11.5 时制备的 ZnO 薄膜，后者（002）晶面半峰宽变窄，说明其结晶度更强，晶体尺寸更大。而 pH 值为 9.5 时制备的 ZnO 薄膜的（002）晶面半峰宽较小，应是组成 ZnO 薄膜的 ZnO 小短棒（图 3-4b 右上角剖面图）并未垂直于不锈钢基片表面排列生长，因此在 2θ 为 34.364°时，该衍射方向上晶粒的厚度较大所致。

3.3.2.2 pH 值对 ZnO 薄膜的微观形貌及结构影响分析

采用 SEM 对不同 pH 值条件下制备的不锈钢/ZnO 薄膜表面形貌进行了表征，结果如图 3-4 所示。

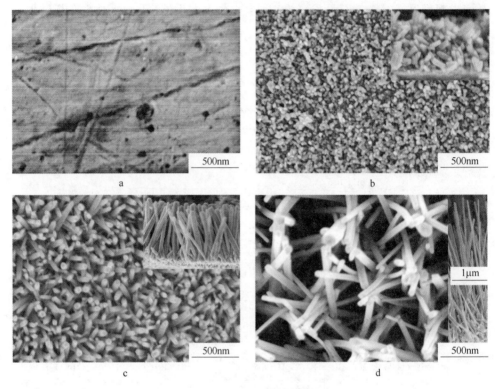

图 3-4 不锈钢/ZnO 薄膜的 SEM 图

a—不锈钢基片；b—pH=9.5；c—pH=10.5；d—pH=11.5；b~d 中小图为对应的剖面图

由图可见，随着水热反应体系中 pH 值的增大，不锈钢表面生长的 ZnO 薄膜形貌变化显著。当反应体系 pH 值为 9.5 时，反应前驱体中含有大量沉淀物，水热反应后，基片表面生长的 ZnO 为直径 20~40nm、长 100nm 小短棒。当反应体系 pH 值为 10.5 时，反应前驱体呈乳浊液状态，水热反应后，基片表面生长的 ZnO 膜为直径 20~40nm、长约 1.5μm 的六棱柱状 ZnO 纳米棒阵列。当反应体系 pH 值为 11.5 时，反应前驱体呈透明溶液状态，水热反应后，基片表面生长的 ZnO 膜为直径 10~40nm、长约 3μm 的 ZnO 纳米棒阵列，且纳米棒顶端集结成束。

由上述实验结果可知，溶液的 pH 值对生成的 ZnO 薄膜形貌有很大影响。氨水在整个过程中不仅提供碱性环境，传输 Zn^{2+}，同时也作为配位剂，与 Zn^{2+} 形成配合物。反应前驱体溶液 pH 值为 9.5 时，混合液呈混浊状态，有沉淀物。此时，$NH_3 \cdot H_2O$ 与 Zn^{2+} 反应生成大量 $Zn(OH)_2$ 沉淀；增大 pH 值为 10.5 时，$Zn(OH)_2$ 沉淀基本溶于氨水中，沉淀量减少，反应前驱体呈乳浊液状态；增大 pH 值为 11.5 时，$Zn(OH)_2$ 沉淀完全溶于氨水中，反应前驱体呈透明状态。反应方程式如下：

$$(CH_2)_6N_4 + 6H_2O \longrightarrow 6HCHO + NH_3 \tag{3-1}$$

$$CH_3COO^- + H_2O \Longrightarrow CH_3COOH + OH^- \tag{3-2}$$

$$NH_3 + H_2O \Longrightarrow NH_4^+ + OH^- \tag{3-3}$$

$$2OH^- + Zn^{2+} \Longrightarrow Zn(OH)_2 \downarrow \tag{3-4}$$

$$Zn(OH)_2 + 4NH_3 \Longrightarrow [Zn(NH_3)_4]^{2+} + 2OH^- \tag{3-5}$$

在水热反应中，基于溶液中的固相形成机理，在碱性条件下 Zn^{2+} 或锌氨配合离子在预先沉积了 ZnO 种子层的基底表面异质成核并生长。反应方程式为：

$$Zn^{2+} + 2OH^- \longrightarrow Zn(OH)_2 \downarrow \tag{3-6}$$

$$Zn(OH)_2 \longrightarrow ZnO + H_2O \tag{3-7}$$

$$[Zn(NH_3)_4]^{2+} + 4OH^- \longrightarrow [ZnO_2]^{2-} + 4NH_3 + 2H_2O \tag{3-8}$$

$$[ZnO_2]^{2-} + H_2O \longrightarrow ZnO + 2OH^- \tag{3-9}$$

从 ZnO 薄膜的 XRD 图中可以看出其为六方纤锌矿结构，与标准卡片对比，(002) 衍射峰变为第一强峰，表明晶体结构是沿 c 轴取向生长的。分析认为，在水热反应初期，反应前躯体中产生的 ZnO 微晶在预先制备的种子层纳米 ZnO 晶粒的基础上成核。由于 ZnO(002) 是极性面，具有相对较高的表面能，在 ZnO 晶体生长过程中，晶体倾向于沿其 (002) 晶向生长以减少纳米棒的总表面能，因此该晶面在水溶液体系中的生长速率最快，随着生长时间的延长最终形成沿 c 轴择优取向外延生长[153~155]。当反应体系 pH 值为 11.5 时，基片表面生长的 ZnO 纳米棒最长（约 $3\mu m$）。分析认为，在反应前躯体溶液中，氨水与六次甲基四胺形成缓冲体系，随着 ZnO 的形成，OH^- 不断消耗，缓冲体系离解出充足的 OH^- 与 Zn^{2+} 结合，使生长的 ZnO 纳米棒沿着优势方向生长直至 Zn^{2+} 耗竭。有研究表明，通过多次更换新的反应液反复进行水热生长可以得到 ZnO 纳米线[156,157]。

不同 pH 值条件下制备的 ZnO 薄膜的 TEM、HRTEM、SAED 检测结果如图 3-5 所示。由 TEM 图可见，pH 值为 10.5 及 11.5 条件下制备的 ZnO 纳米棒直径约为 50nm。由 HRTEM 图可见，晶面间距与 XRD 分析 (002) 晶面间距一致，ZnO 沿着与 (002) 晶面垂直的 c 轴取向生长。由 SAED 图中均出现类似单晶的一系列衍射光斑，由于选区内纳米晶各晶粒含有相同晶面间距的晶面，所以这些衍射斑点呈同心圆分布。而且，随着反应体系 pH 值的升高，衍射斑点增强，说明 ZnO 纳米棒结晶更好。

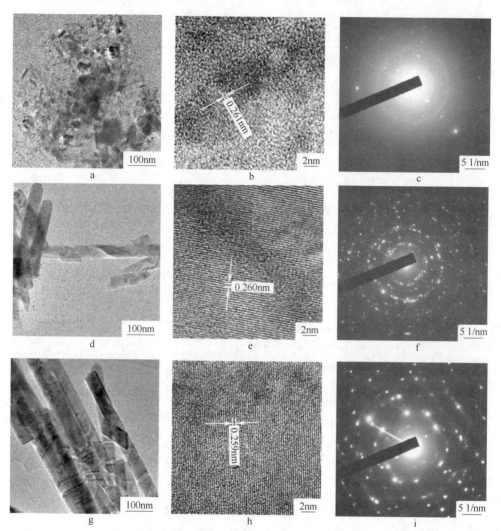

图 3-5　ZnO 薄膜的 TEM、HRTEM 及 SAED 图

a—pH = 9.5 TEM 图；b—pH = 9.5 HRTEM 图；c—pH = 9.5 SAED 图；

d—pH = 10.5 TEM 图；e—pH = 10.5 HRTEM 图；f—pH = 10.5 SAED 图；

g—pH = 11.5 TEM 图；h—pH = 11.5 HRTEM 图；i—pH = 11.5 SAED 图

3.3.2.3　ZnO 薄膜的 FT-IR 表征

图 3-6 为采用 10mmol/L 硬脂酸乙醇溶液改性前后 ZnO 薄膜（pH = 11.5）的

FT-IR 谱图。由图可见，3600~3300cm^{-1}附近的宽吸收峰为—OH 伸缩振动吸收峰且较弱，说明改性前后样品中含有表面吸附水和毛细孔水均较少。由于 FT-IR 谱图为样品压片后经红外干燥后测得，因此改性前样品中含有表面吸附水和毛细孔水更少。2359cm^{-1} 和 2337cm^{-1} 的吸收峰是空气中的 CO_2 引起的。2920cm^{-1} 和 2852cm^{-1}分别为—CH_2 和—CH_2 不对称和对称伸缩振动吸收峰。改性后 ZnO 在 1696cm^{-1}处的吸收峰归属为游离硬脂酸中 C＝O 基团的伸缩振动[158,159]；在

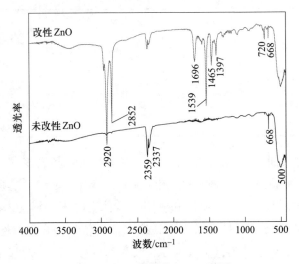

图 3-6　ZnO 薄膜的 FT-IR 谱图

1539cm^{-1}和 1397cm^{-1}处的吸收峰归属为硬脂酸与 ZnO 表面的吸附羟基发生的类酯化反应形成的 R—COO—Zn 中 C＝O 基团的伸缩振动[160,161]。1465cm^{-1}处的强吸收峰为—CH_2 基团的面内弯曲振动峰。500cm^{-1}处的吸收峰为 Zn—O 基团骨架的振动峰。对比改性前后谱图，改性后 Zn—O 基团振动吸收峰被 R—COO—Zn 中 C＝O 基团的伸缩振动吸收峰取代，CO_2 引起的吸收峰减弱，表明 ZnO 表面被硬脂酸包覆且接枝了疏水性基团。

3.3.2.4　ZnO 薄膜表面亲疏水性表征

为了研究 ZnO 薄膜的疏水性对生物被膜形成的影响，采用 10mmol/L 硬脂酸/乙醇溶液对样片进行疏水性改性，并对改性前后不锈钢片和 ZnO 薄膜表面的水接触角进行了测试，结果如表 3-4 所示。由表可知，改性前 ZnO 薄膜表面水接触角均小于 90°，说明其均具有亲水性。不锈钢片表面较为光滑，水接触角相对较大。而 ZnO 薄膜具有较强的亲水性，其水接触角随着 ZnO 纳米棒长度的增大而减小。分析认为，ZnO 微粒表面—OH 基团的亲水性是 ZnO 薄膜表

现为亲水性的主要原因，相对于 pH＝9.5 时制备的 ZnO 薄膜表面的纳米颗粒状短棒，于 pH＝10.5 和 11.5 时制备的 ZnO 膜表面较长的 ZnO 纳米棒表面结合更多的亲水性基团；同时，似纳米针状的 ZnO 更易刺破水滴，从而使得 pH＝11.5 时制备的长棒 ZnO 薄膜表面的亲水性最强，pH＝10.5 时制备的中长棒 ZnO 薄膜次之。

表 3-4　不锈钢片及 ZnO 薄膜表面水接触角

样　品	接触角/(°)	
	改性前	改性后
不锈钢	50.5±0.3	110.2±0.3
pH＝9.5	47.6±0.3	121.8±0.3
pH＝10.5	18.5±0.3	138.6±0.3
pH＝11.5	8.9±0.3	160.2±0.3

改性后样片表面水接触角均大于 90°，表明经过硬脂酸改性后样片表面由亲水转变为疏水。分析认为，经过硬脂酸改性后，样片表面结合了疏水性基团，致使其表面能降低，不利于水的润湿和黏附。改性后的不锈钢片表面粗糙度最小，而 ZnO 膜随着 ZnO 棒的增长而增大，其疏水性也依次增强。改性后长棒 ZnO 薄膜表现为超疏水，分析认为这不仅与复合膜表面嫁接的疏水性基团有关，还与其表面的微纳米结构有关。其表面的 ZnO 纳米棒在顶端集结成束，每束之间间距在亚微米与微米之间，这种微-纳米结构产生"荷叶效应"及改性后 ZnO 纳米棒表面的疏水基团是其具有超疏水性的主要原因[162]。

3.3.2.5　ZnO 薄膜表面腐败希瓦氏菌生物被膜黏附与生长曲线

图 3-7 和图 3-8 为腐败希瓦氏菌在 ZnO 薄膜上的黏附和生长曲线。由图 3-7 可见，0~4h，被膜黏附率迅速增加，表明细菌从最初的可逆附着转化为不可逆附着，生物被膜结构逐渐形成。4~12h，被膜黏附率继续增加，生物被膜进入成熟期。12h 后，被膜黏附率增加缓慢，至 24h 达到最大值后生物被膜进入衰退期。不锈钢片和短棒 ZnO 薄膜表面被膜黏附率与中长棒和长棒 ZnO 薄膜表面被膜黏附率之间存在显著性差异。

图 3-7 的实验结果表明，不锈钢片和短棒 ZnO 薄膜表面较易附着生物被膜，被膜黏附总量大。而中长棒和长棒 ZnO 薄膜表面生物被膜黏附量较小，说明其表面不利于生物被膜黏附，且长棒 ZnO 薄膜表面抑制生物被膜黏附的性能最优。

由图 3-8 可见，4 个样品活菌数均在 12h 达到最大值，随后逐渐下降。其中

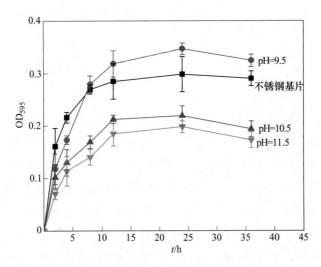

图 3-7 腐败希瓦氏菌生物膜的黏附率曲线（3 个平行，* P<0.05）

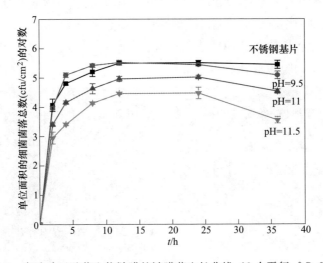

图 3-8 腐败希瓦氏菌生物被膜的被膜菌生长曲线（3 个平行，* P<0.05）

不锈钢片和短棒 ZnO 薄膜之间无显著性差异，与中长棒和长棒 ZnO 薄膜之间存在较为显著的差异；在 24h 后，长棒 ZnO 薄膜表面的被膜菌数显著减少。

分析认为，不锈钢片表面较为光滑，不利于细菌菌丝附着，使得其表面被膜黏附率略低于短棒 ZnO 薄膜的。而短棒 ZnO 薄膜表面的 ZnO 膜具有一定抑菌作用，在被膜衰退期，其表面的被膜菌数低于不锈钢片的。在生物被膜的黏附和初始形成期，中长棒和长棒 ZnO 薄膜表面疏水性较强，有效地减少了细菌的黏附数量。因此，在生物被膜的成熟阶段，中长棒和长棒 ZnO 薄膜表面被膜黏附率和活菌数量增长较慢。在 24h 后，表面具有似纳米针状 ZnO 长棒结构的 ZnO 薄膜表现出最优的抑菌性能。

3.3.2.6 ZnO/不锈钢复合膜表面腐败希瓦氏菌生物被膜形成和生长过程中微观形貌变化

ZnO/不锈钢复合膜表面腐败希瓦氏菌生物被膜不同生长阶段的微观形貌如图 3-9 所示。由图可见，样片在水产品腐败希瓦氏菌液中培养 2h 时，部分有机残渣（胞外多糖 EPS）和少量活菌附着于材料表面，细菌处于最初的黏附和生长阶段。随着微生物的生长，更多的被膜黏附成分和菌体附着于 ZnO 薄膜上。当培养 12h 后，细菌进一步黏附并开始大量繁殖，更多的有机残渣和嵌入细菌附着于材料表面，细菌饱满而富有生命力，生物膜进入成熟阶段。不锈钢原片和 pH = 9.5 时制备的短棒 ZnO 薄膜表面附着细菌数量较多，pH = 10.5 时制备的中长棒 ZnO 薄膜次之，pH = 11.5 时制备的长棒 ZnO 薄膜表面附着细菌数量最少。24h 后活菌数量略有减少，ZnO 薄膜表面均有少量死菌出现。到 36h 时细菌大量萎缩，死菌数增多，细菌细胞受损，胞外多糖膜从 ZnO 薄膜表面脱落，生物被膜进入衰退阶段。中长棒和长棒 ZnO 薄膜表面被膜菌数量明显少于短棒 ZnO 薄膜和不锈钢原片的，且生物膜脱落显著。

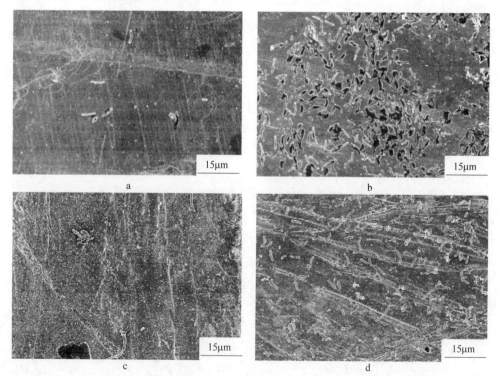

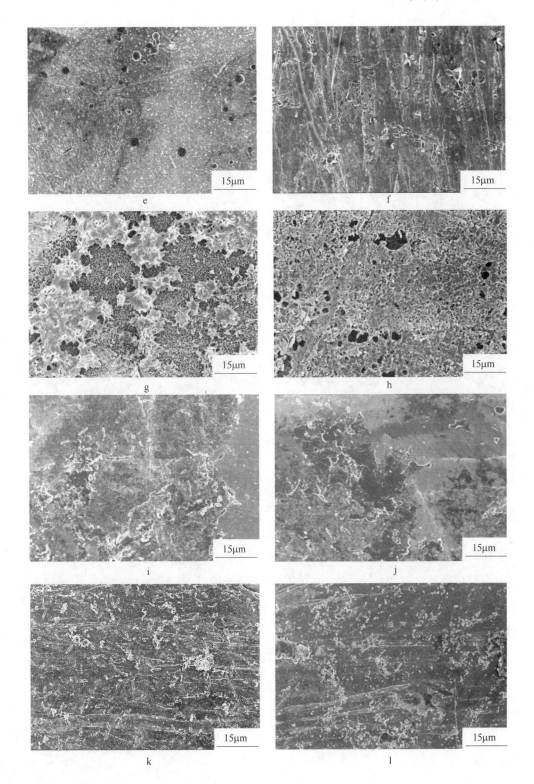

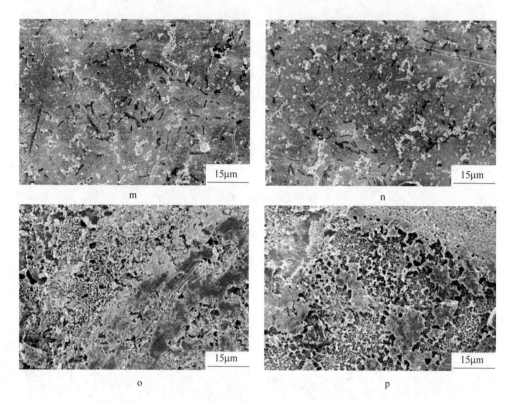

图 3-9 ZnO/不锈钢复合膜表面生物被膜的 SEM 图

a—不锈钢, 2h; b—不锈钢, 12h; c—pH = 9.5, 2h; d—pH = 9.5, 12h; e—pH = 10.5, 2h; f—pH = 10.5, 12h; g—pH = 11.5, 2h; h—pH = 11.5, 12h; i—不锈钢, 24h; j—不锈钢, 36h; k—pH = 9.5, 24h; l—pH = 9.5, 36h; m—pH = 10.5, 24h; n—pH = 10.5, 36h; o—pH = 11.5, 24h; p—pH = 11.5, 36h

分析认为改性后材料表面的疏水性质降低了生物膜的黏附率，长棒 ZnO 薄膜改性后表面的超疏水性能，降低了其表面的生物被膜黏附率，使其表面的被膜黏附率和被膜菌总数均最小；此外，材料表面生长的纳米 ZnO 对腐败希瓦氏菌的生长和繁殖具有抑制作用。锌离子溶出并与细菌体内活性蛋白酶相结合使其失去活性，最后导致细菌细胞被损坏直至死亡。因此，ZnO 薄膜的抑菌性能均优于不锈钢片。而长棒 ZnO 薄膜表面纳米针状 ZnO 更易刺入被膜菌细胞内部，使其表现出最优的抑菌性能。

3.3.2.7 ZnO/不锈钢复合膜表面死、活腐败希瓦氏菌数分析

采用 CLSM 观察 ZnO/PAA 复合膜表面死、活腐败希瓦氏菌情况如图 3-10 所示。

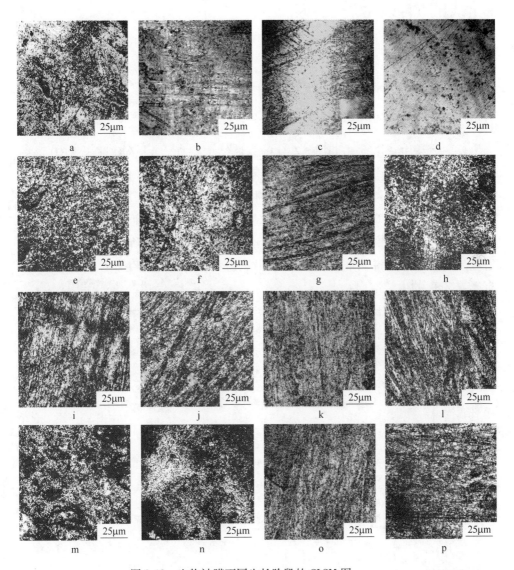

图 3-10　生物被膜不同生长阶段的 CLSM 图

a—不锈钢, 2h; b—不锈钢, 12h; c—不锈钢, 24h; d—不锈钢, 36h;

e—pH=9.5, 2h; f—pH=9.5, 12h; g—pH=9.5, 24h; h—pH=9.5, 36h;

i—pH=10.5, 2h; j—pH=10.5, 12h; k—pH=10.5, 24h; l—pH=10.5, 36h;

m—pH=11.5, 2h; n—pH=11.5, 12h; o—pH=11.5, 24h; p—pH=11.5, 36h

图 3-10 彩

图中可以观察到各生长阶段生物被膜中腐败希瓦氏菌的活菌（绿色）和死菌（红色）数。由图可见，生物被膜培养 2h 后，活菌数量较少。12h 时，被膜菌大量繁殖，活菌数量显著增加。24h 时，ZnO 薄膜表面附着的生物被膜菌出现死菌，36h 时所有样片上均有较多的死菌，且不锈钢原片上的死菌数较少，中长棒和长棒 ZnO 薄膜表面的死菌数较多，长棒 ZnO 薄膜表面的死菌数最多，说明 ZnO 薄膜均具有较强的抑菌性能，与前面的分析结果一致。

3.3.3　Ag/ZnO 薄膜

3.3.3.1　Ag/ZnO 薄膜的 XRD 表征

反应体系中 Ag^+ 的加入影响 ZnO 的晶体结构特征。Ag/ZnO 薄膜 XRD 谱图如图 3-11 所示。由图可见，除了不锈钢基底产生的衍射峰外，所有样品的主要衍射峰均与六角纤锌矿结构 ZnO 晶体的标准卡符合（PDF # 36-1451，$a = b = 0.3250nm$ 和 $c = 0.5207nm$）。谱中未发现任何银或者其氧化物的衍射峰，说明样品成分单一，银离子可能进入了氧化锌的晶格之中。所有样品（002）衍射峰为第一强峰，说明此时 ZnO 薄膜仍然沿着晶体的 c 轴生长，Ag 的进入没有影响 ZnO 的生长取向。

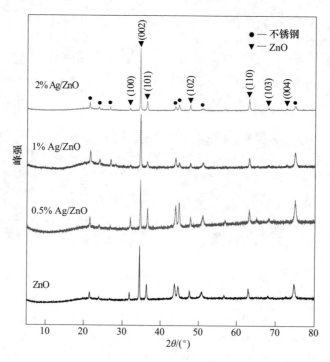

图 3-11　Ag/ZnO 薄膜的 XRD 谱图

Ag/ZnO 薄膜 XRD 表征数据的 Jade. 5 软件分析结果见表 3-5。分析认为，Ag 进入 ZnO 晶体可能是 Ag^+ 插入 ZnO 晶格间隙中，也可能是 Ag^+ 取代了 Zn^{2+}[163,164]。由于银离子半径（0.126nm）大于锌离子半径（0.074nm），Ag^+ 取代 Zn^{2+} 会引起晶格膨胀，致使晶格常数增加，导致 2θ 增大。而 Ag^+ 向 ZnO 晶格间隙中的插入增强则导致半高宽增大，2θ 减小。由表可知，银修饰后的（002）晶面衍射角增大，但是随着银修饰量的增加略微向低角度方向移动。分析认为，银修饰后的（002）晶面衍射角增大，可能是由部分 Ag^+ 取代 Zn^{2+} 引起的；而随着银修饰量的增加向低角度方向移动，可能是部分 Ag^+ 插入 ZnO 晶格间隙所致。随着 $R_{Ag/Zn}$ 的增大，半高宽先从 0.170° 增大到 0.176°、0.196°，表明掺银后纳米棒的质量和结晶度会降低，Ag^+ 主要是取代 Zn^{2+} 进入 ZnO 晶体；当 $R_{Ag/Zn}$ 增大到 2% 时，半高宽减小到 0.152°，说明此时 Ag^+ 插入 ZnO 晶格间隙的过程增强，该条件下制备的 ZnO 纳米棒的质量和结晶最佳。

表 3-5　Ag/ZnO 薄膜的 XRD 表征数据

ZnO 薄膜（002）晶面	ZnO	0.5% Ag/ZnO	1% Ag/ZnO	2% Ag/ZnO
$2\theta/(°)$	34.481	34.659	34.650	34.540
d/nm	0.25990	0.25860	0.25867	0.25946
半峰宽/(°)	0.170	0.176	0.196	0.152
晶格常数 c/nm	0.51980	0.51720	0.51734	0.51890

3.3.3.2　Ag/ZnO 薄膜的拉曼表征

拉曼散射是研究掺杂半导体晶体质量、结构无序以及缺陷的无损检测技术，可提供由于高度失配的 Ag^+ 进入 ZnO 晶格引起的局部结构变化的重要信息。纤锌矿 ZnO 结构属于 C_{6v}^4（P63mc）空间群，布里渊中心处有 6 个激活光声子模式，频率分别为 E_2（低）= 101cm^{-1}、E_2（高）= 437cm^{-1}、A_1（TO）= 380cm^{-1}、A_1（LO）= 574cm^{-1}、E_1（TO）= 407cm^{-1} 和 E_1（LO）= 583cm^{-1}[165]。

不同 Ag^+ 浓度下制备的 Ag/ZnO 薄膜及 ZnO 薄膜的拉曼谱图如图 3-12 所示。

拉曼谱图中分别出现了 E_2（低）模（101.0cm^{-1}）、E_2（高）模（439.6cm^{-1}）和 A_1（LO）模（576.4 ~ 581.6cm^{-1}），其中，E_2（高）模是纤锌矿 ZnO 的结构特征模[166]，其模强度与 ZnO 晶体结晶质量紧密相关。由图可见，2% Ag/ZnO 的 E_2（高）模强度最大，说明其晶体结晶质量最好，这与 XRD 分析结果一致。Ag^+ 进入 ZnO 晶格导致应压力增大，在压应力作用下 E_2（高）模发生上迁移[167]。A_1（LO）模（576.4 ~ 581.6cm^{-1}）归因于强烈的多声子散射过程，对 ZnO 中的自

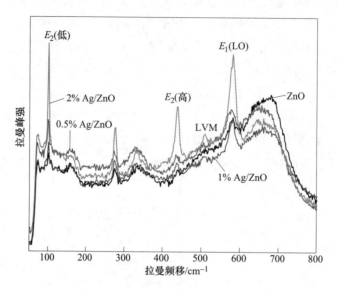

图 3-12 Ag/ZnO 薄膜的拉曼谱图

由载流子浓度比较敏感[168]。位于 332cm^{-1} 附近的振动模则与多声子过程有关。Ag/ZnO 薄膜的拉曼谱图中 416.6cm^{-1} 附近出现了局域振动模（LVM），分析认为是 Ag 替位 Zn（Ag$_{Zn}$）对应的局域振动模[169]，说明 Ag$^+$ 取代 Zn^{2+} 进入 ZnO 晶格，这与 XRD 分析结果一致。277cm^{-1} 和 510cm^{-1} 附近峰应是 ZnO 膜的不锈钢基底产生的。

3.3.3.3 Ag 修饰对 ZnO 薄膜的微观形貌及结构影响分析

Ag 修饰 ZnO 薄膜表面形貌如图 3-13 所示。

a

b

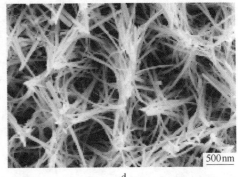

图 3-13 Ag/ZnO 薄膜的 SEM 图

a—ZnO；b—0.5%Ag/ZnO；c—1%Ag/ZnO；d—2%Ag/ZnO

由图 3-13 可见，不锈钢表面生长的 Ag/ZnO 薄膜为直径 $10\sim40nm$ 的 ZnO 纳米棒阵列，随着水热反应体系中 Ag 量的增加，纳米棒直径减小且更加弯曲似纳米线。2%Ag/ZnO 时，更多 ZnO 纳米线在顶端集结成一束，相邻纳米束间距增大至 $1\mu m$ 以上，变化显著。分析认为，在 pH 值为 11.5 的水热反应前驱体溶液中，与 Zn^{2+} 类似，Ag^+ 与 $NH_3 \cdot H_2O$ 反应生成配合离子 $[Ag(NH_3)_2]^+$，其稳定常数小于 $[Zn(NH_3)_4]^{2+}$ 的。在 95℃、pH 值为 11.5 的溶液中，$[Ag(NH_3)_2]^+$ 可能与六次甲基四胺水解生成的 HCHO 发生银镜反应生成单质银附着于 ZnO 表面，但是，上述 XRD 及拉曼分析均未得到验证。分析认为，在 Zn^{2+} 或锌氨配合离子在预先沉积了 ZnO 种子层的基底表面异质成核并生长过程中，$[Ag(NH_3)_2]^+$ 更易于脱稳以 Ag^+ 形态取代 Zn^{2+} 进入 ZnO 晶体或插入 ZnO 晶格间隙，促进 ZnO 纳米棒沿着 c 轴择优取向外延生长。从 Ag/ZnO 薄膜的 XRD 图中也可以看出，当 $R_{Ag/Zn}$ 增大到 2%时，半高宽减小到 0.152°，第一强峰（002）衍射峰增强，说明此条件下 ZnO 晶体沿其（002）晶向生长速率最快。

Ag 修饰 ZnO 薄膜的 TEM、HRTEM、SAED 检测结果如图 3-14 所示。由 HR-TEM 图可见，晶面间距与 XRD 分析（002）晶面间距一致，ZnO 沿着与（002）晶面垂直的 c 轴取向生长。2%Ag/ZnO 的 HRTEM 图显示了更清晰的晶格条纹，证明了晶体有着更高的结晶质量，这与 XRD 分析结果一致。由 SAED 图中均出现类似单晶的一系列衍射光斑，这是由于选区内纳米晶各晶粒含有相同晶面间距的晶面，所以这些衍射斑点呈同心圆分布。

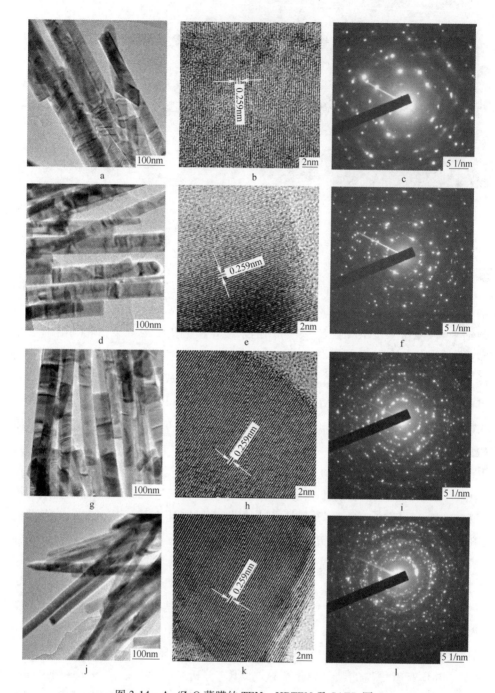

图 3-14 Ag/ZnO 薄膜的 TEM、HRTEM 及 SAED 图

a—ZnO TEM 图；b—ZnO HRTEM 图；c—ZnO SAED 图；d—0.5%Ag/ZnO TEM 图；

e—0.5%Ag/ZnO HRTEM 图；f—0.5%Ag/ZnO SAED 图；g—1%Ag/ZnO TEM 图；h—1%Ag/ZnO HRTEM 图；

i—1%Ag/ZnO SAED 图；j—2%Ag/ZnO TEM 图；k—2%Ag/ZnO HRTEM 图；l—2%Ag/ZnO SAED 图

3.3.3.4 Ag/ZnO 薄膜的 FT-IR 表征

图 3-15 为采用 10mmol/L 硬脂酸乙醇溶液改性前后 2% Ag/ZnO 薄膜的 FT-IR 谱图。由图可见，$3600 \sim 3300 cm^{-1}$ 附近的宽吸收峰为—OH 伸缩振动吸收峰，表明样品中均含有表面吸附水和毛细孔水。$2358 cm^{-1}$ 和 $2343 cm^{-1}$ 的吸收峰是空气中的 CO_2 引起的。$2917 cm^{-1}$ 和 $2849 cm^{-1}$ 分别为—CH_2 和—CH_2 不对称和对称伸缩振动吸收峰。未改性 Ag/ZnO 在 $1600 \sim 1400 cm^{-1}$ 处的吸收峰为 Zn—O 振动吸收峰。改性后 Ag/ZnO 在 $1700 \sim 1400 cm^{-1}$ 处的吸收峰归属为硬脂酸与 Ag/ZnO 表面的吸附羟基反应形成的 R—COO—Zn 中 C＝O 基团的伸缩振动。$1398 cm^{-1}$ 处的吸收峰对应于 C—H 基团的变形振动。$506 cm^{-1}$ 和 $503 cm^{-1}$ 处的吸收峰分别为改性前后 Zn—O 基团骨架的振动峰。

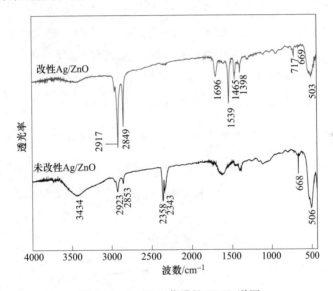

图 3-15　Ag/ZnO 薄膜的 FT-IR 谱图

对比改性前后谱图，改性后 Zn—O 基团振动吸收峰被 R—COO—Zn 中 C＝O 基团的伸缩振动吸收峰取代，水分及 CO_2 引起的吸收峰均显著减弱，Ag/ZnO 表面吸附的水分和 CO_2 均减少，表明 Ag/ZnO 表面被硬脂酸包覆且使其疏水性增强。

3.3.3.5 Ag/ZnO 薄膜表面亲疏水性表征

为了研究 Ag/ZnO 薄膜的疏水性对生物被膜形成的影响，采用 10mmol/L 硬脂酸/乙醇溶液对样片进行疏水性改性，并对改性前后 Ag/ZnO 薄膜表面的水接触角进行了测试，结果如表 3-6 所示。

表 3-6 Ag/ZnO 薄膜表面水接触角

样　品	接触角/(°)	
	改性前	改性后
ZnO	10.1±0.3	164.2±0.3
0.5%Ag/ZnO	9.9±0.3	168.2±0.3
1%Ag/ZnO	9.5±0.3	不沾
2%Ag/ZnO	9.6±0.3	不沾

由表 3-6 可知，改性前 ZnO 薄膜表面水接触角均小于 90° 且很小，说明其均具有强亲水性。经过硬脂酸改性后，样片表面进行接触角测定时，小水滴很难脱离针尖与其发生黏附。改性后样片表面水接触角均大于 150°，表明经过硬脂酸改性后样片表面由强亲水转变为超疏水。分析认为，随着 Ag 修饰量的增加，其表面 ZnO 纳米棒在顶端集结成的纳米束之间距增大，其形成的微纳米结构更均匀。ZnO 纳米棒表面结合的疏水性基团及 ZnO 纳米束之间空隙容纳更多的空气协同作用致使水滴疏离 ZnO 薄膜表面，产生"荷叶效应"更强大。因此，1%Ag/ZnO、2%Ag/ZnO 样片表面表现出超强的疏水性能。

3.3.3.6　Ag/ZnO 薄膜表面腐败希瓦氏菌生物被膜黏附与生长曲线

图 3-16 和图 3-17 为腐败西瓦氏菌在 ZnO 薄膜上的黏附和生长曲线。由图 3-16 可见，0~4h，被膜黏附率迅速增加，细菌从最初的可逆附着转化为不可逆附着，

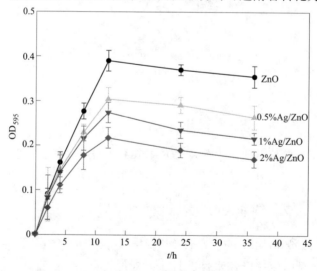

图 3-16　腐败西瓦氏菌生物膜的黏附率曲线（三个平行，* P<0.05）

生物被膜结构逐渐形成。4~12h，被膜黏附率继续缓慢增加，生物被膜进入成熟期。至 12h 达到最大值后，生物被膜进入衰退期。ZnO 薄膜表面被膜黏附率与 1%Ag/ZnO 或 2%Ag/ZnO 之间存在显著性差异。

图 3-16 的分析结果表明，ZnO 薄膜表面较易附着生物被膜，被膜黏附总量大。而随着 Ag 修饰量的增加，薄膜表面生物被膜黏附量逐渐减小，2%Ag/ZnO 表面抑制生物被膜黏附的性能最优。

图 3-17 为腐败希瓦氏菌生物被膜的被膜菌生长曲线。由图可见，4 个样品活菌数均在 12h 达到最大值，随后逐渐下降。其中无 Ag 修饰 ZnO 薄膜表面被膜菌数与 Ag 修饰 ZnO 薄膜之间存在显著性差异。随着 Ag 修饰量的增加，薄膜表面生物被膜菌数逐渐减小，24h 后，2%Ag/ZnO 表面的被膜菌活菌数显著减少。

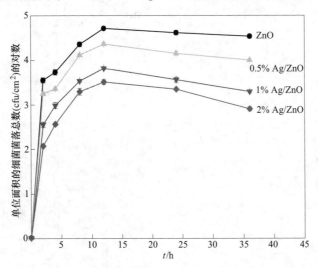

图 3-17　生物被膜的被膜菌生长曲线（三个平行，* $P<0.05$）

分析认为，在生物被膜的黏附和初始形成期，疏水性表面有效地减少了细菌的黏附数量。因此，具有超强疏水性能的 1%Ag/ZnO 或 2%Ag/ZnO 被膜黏附率略低；在生物被膜的成熟阶段，被膜黏附率和活菌数量的增长也较慢。在 24h 后，随着 Ag 修饰量的增加，ZnO 膜抑菌性能随之增强。2%Ag/ZnO 表面抑制生物被膜黏附和繁殖性能最优。

3.3.3.7　Ag/ZnO 薄膜表面腐败希瓦氏菌生物被膜形成和生长过程中的微观形貌变化

ZnO 和 2%Ag/ZnO 薄膜表面腐败希瓦氏菌生物被膜不同生长阶段的微观形貌如图 3-18 所示。由图可见，细菌处于最初的黏附和生长阶段（2h）时，有机残

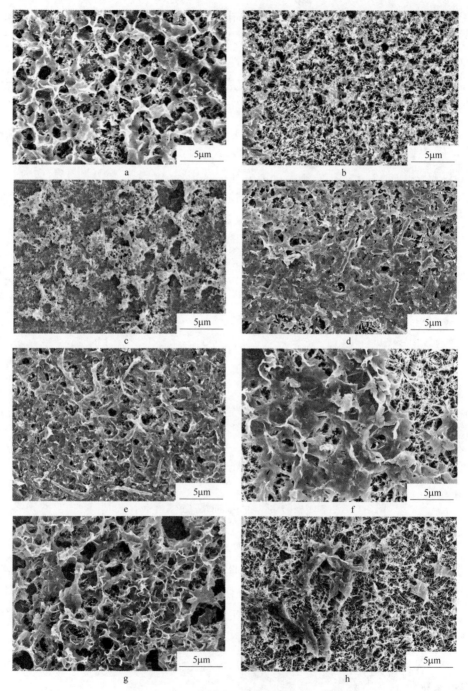

图 3-18 ZnO 薄膜表面生物被膜的 SEM 图

a—ZnO, 2h; b—2%Ag/ZnO, 2h; c—ZnO, 12h; d—2%Ag/ZnO, 12h;

e—ZnO, 24h; f—2%Ag/ZnO, 24h; g—ZnO, 36h; h—2%Ag/ZnO, 36h

渣和少量活菌附着于材料表面，2%Ag/ZnO 明显少于 ZnO 或 2%Ag/ZnO。当培养 12h 后生物膜进入成熟阶段，细菌数量增多。24h 后活菌数量明显减少，2%Ag/ZnO 表面有较多死菌出现。到 36h 时细菌大量萎缩，死菌数增多，生物膜到达死亡阶段，细菌细胞受损，胞外多糖膜从材料表面脱落。2%Ag/ZnO 薄膜表面生物膜脱落显著，细菌萎缩、死亡，表现出很强的抗菌能力。

　　分析认为改性后材料表面的疏水性质降低了生物膜的黏附率，材料表面的超疏水性能，使其表面的细菌数量和被膜黏附率减小；此外，材料表面生长的纳米 Ag/ZnO 对腐败希瓦氏菌的生长和繁殖具有抑制作用。Ag^+ 与 Zn^{2+} 溶出并与细菌体内活性蛋白酶相结合使其失去活性，最后导致细菌细胞被损坏直至死亡[170,171]，表明 Ag^+ 与 Zn^{2+} 具有较强的协同抑菌作用。

3.3.3.8　ZnO 薄膜表面死、活腐败希瓦氏菌数分析

　　采用 CLSM 观察 ZnO 薄膜表面死、活腐败希瓦氏菌情况如图 3-19 所示。从图中可以观察到各生长阶段生物被膜中腐败希瓦氏菌的活菌（绿色）和死菌（红色）数。黑色图像表明生物被膜培养 2h 后，被膜菌数量较少。随着培养时间的延长，被膜菌迅速繁殖，活菌数量显著增加。24h 时，出现较多的死菌，

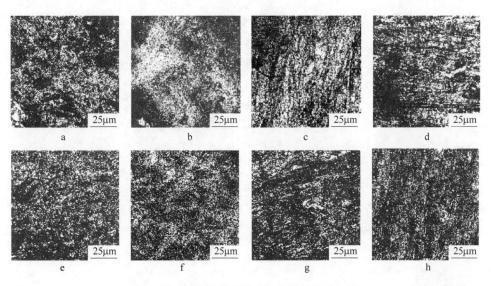

图 3-19　生物被膜不同生长阶段的 CLSM 图

a—ZnO, 2h；b—ZnO, 12h；c—ZnO, 24h；d—ZnO, 36h；

e—2%Ag/ZnO, 2h；f—2%Ag/ZnO, 12h；

g—2%Ag/ZnO, 24h；h—2%Ag/ZnO, 36h

图 3-19 彩

36h 时样片上均有较多的死菌，2%Ag/ZnO 薄膜表面被膜菌数量相对较少，说明 Ag 的加入增强了 ZnO 薄膜的抑菌性能，与前面的分析结果一致。

3.4 本章小结

本章采用 sol-gel 法与水热法相结合制备了 ZnO 薄膜，探讨了 pH 值对 ZnO 薄膜性质、表面形貌特征、疏水性能及抑菌性能的影响；同时探讨了 Ag 掺杂 ZnO 薄膜的抑菌性能及抑菌机理。结果表明，在 pH = 11.5 条件下制备的具有纳米棒簇状微-纳米结构的 ZnO 薄膜经硬脂酸改性后具有超疏水性，经 Ag 掺杂后 ZnO 薄膜的 ZnO 纳米束更均匀，形成的微-纳米结构更整齐。2%Ag/ZnO 薄膜经硬脂酸改性后具有超强的疏水性能，有效地减少了生物被膜的黏附；同时 Ag 离子的协同抑菌作用使其具有更好的抑菌性能。

4 ZnO 薄膜的电沉积法合成
及抑制生物被膜性能研究

钛被称为继铁和铝之后的"第三金属",表面易形成致密氧化物保护层,有良好的力学性能和抗腐蚀性能。目前,钛及钛合金广泛用于航天工业、海洋工程、建筑环保、石油钻采与输送、海水淡化及核电等领域。更因其良好的生物相容性能,作为常用的人工替代材料应用于人造骨骼(临床外科及牙科)[172,173]。但是钛及钛合金也存在一些固有的缺陷,为了改善和提高其使用特性,通常采用物理法、化学法或电化学法等对其进行表面改性或表面处理,以拓展钛及钛合金的应用领域,促进钛及钛合金在各行业的应用,如制备超疏水钛表面,增强其耐磨性能、抗腐蚀性能,提高其生物相容性及抗菌性能等[174,175]。

本章采用两电极电化学体系,以石墨片为阳极,高纯钛片为阴极,电沉积制备 ZnO 膜,研究不同电解液、沉积时间及温度对 ZnO 薄膜微观形貌的影响。以腐败希瓦氏菌(*Shewanella putrefaciens*)作为指示菌种,测定其生物被膜在 ZnO 薄膜表面的生长和附着性能,研究 ZnO 薄膜微结构和疏水性能对腐败希瓦氏菌生物被膜抑制性能的影响。

4.1 实验材料与仪器

4.1.1 实验材料

实验所用菌种腐败希瓦氏菌(ATCC 8071)购自美国微生物菌种保藏中心。高纯钛箔(99.999%,0.3mm)购自石家庄市盛世达金属材料有限公司。

实验所需试剂如表4-1所示。其他试剂级别和生产厂家与第2章相同。

表 4-1 实验试剂

名称	级别	生产厂家
醋酸铵	AR	国药集团化学试剂有限公司
硝酸锌	AR	国药集团化学试剂有限公司

4.1.2 实验仪器

实验所需仪器与第 2、3 章相同。

4.2 实 验 方 法

4.2.1 电沉积法制备 ZnO 薄膜

4.2.1.1 钛片预处理

将 0.3mm 厚、纯度大于 99.99% 的钛片切割为 50mm×50mm，用粒度 1~40μm 的砂纸打磨，蒸馏水冲洗后分别于丙酮、乙醇、去离子水溶液中超声处理 15min（53kHz，280W），风干备用。

4.2.1.2 ZnO 膜的制备

（1）以钛片为工作电极（阴极），等面积的石墨为对电极（阳极），5mmol/L $Zn(NO_3)_2$ 与 0.3mol/L KCl 混合溶液为电解液，在 2.0V 电压、10mm 电极间距和 75℃ 条件下阴极电沉积 ZnO。反应一定时间后取出钛片，水洗，晾干备用。

（2）以钛片为工作电极（阴极），等面积的石墨为对电极（阳极），5mmol/L $Zn(NO_3)_2$ 与 10mmol/L CH_3COONH_4 混合溶液为电解液，在 2.0V 电压、10mm 电极间距和一定温度条件下阴极电沉积 ZnO。反应一定时间后取出钛片，水洗，晾干备用。

4.2.2 ZnO 薄膜的表征分析

与第 2、3 章相同。

4.3 结果与讨论

4.3.1 KCl体系制备的ZnO薄膜

4.3.1.1 阴极电沉积法制备ZnO薄膜的电流-时间曲线

为了确定阴极电沉积法制备ZnO薄膜的反应时间，在2.0V电压、10mm电极间距和75℃条件下，以5mmol/L $Zn(NO_3)_2$ 与0.3mol/L KCl混合溶液为电解液，测定并绘制了阴极电沉积ZnO的电流-时间曲线，如图4-1所示。

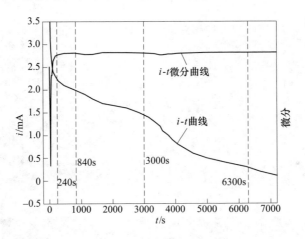

图4-1 电沉积ZnO薄膜 $i-t$ 曲线

由图4-1可见，电沉积开始后体系内电流急剧下降，240s左右开始缓慢下降。860s左右电流下降速度略增后放缓，至3000s左右电流下降速度再次略增后放缓，6300s时体系电流强度降至0.28mA，至7260s接近0mA，此时体系内 Zn^{2+} 浓度降至较低水平，阴极钛片表面沉积ZnO后导电性能下降，反应过程基本结束。以下选择240s（4min）、840s（14min）、3000s（50min）以及6300s（105min）四个时间点，考察钛片表面沉积ZnO薄膜情况。

4.3.1.2 ZnO薄膜的微观形貌及结构分析

采用SEM对打磨后钛基片及不同电沉积时间条件下制备的ZnO薄膜表面形貌进行表征，结果如图4-2和图4-3所示。

如图4-2所示，打磨后钛基片表面存在众多缺陷，有利于ZnO的沉积附着。

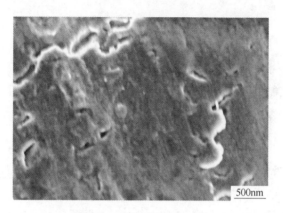

图 4-2 钛基片的 SEM 图

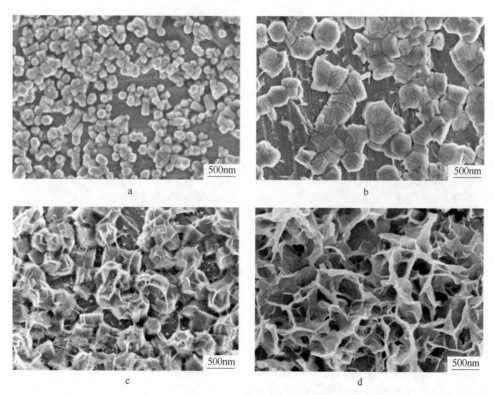

图 4-3 ZnO 薄膜的 SEM 图

a—5min；b—14min；c—50min；d—105min

由图 4-3 可见，随着反应时间的延长，钛基片表面沉积的 ZnO 薄膜形貌变化显著。反应开始阶段体系中 Zn^{2+} 浓度较高，钛片清洁，电流强度较大。4min 时，钛基片表面沉积 ZnO 呈六棱柱状、直径 100~150nm、长 400nm 的纳米棒；14min 后，六棱柱状 ZnO 纳米棒长大分层，外表从光滑转为粗糙，部分合并呈类似孪晶态；50min 后，ZnO 表面开始生长茸片，至 105min 时网状茸片将孪晶态 ZnO 棒块覆盖。

阴极电沉积 105min 制备的钛基 ZnO 薄膜的 XRD 谱图如图 4-4 所示，ZnO 薄膜样品衍射峰与六角纤锌矿结构 ZnO 晶体的标准卡（PDF # 36-1451）基本吻合。

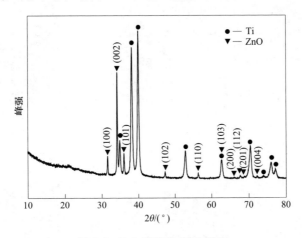

图 4-4　ZnO 薄膜的 XRD 谱图

为进一步分析 ZnO 薄膜的微观形貌结构，对以上四种 ZnO 薄膜进行了 TEM、HRTEM、SAED 检测，结果如图 4-5 所示。

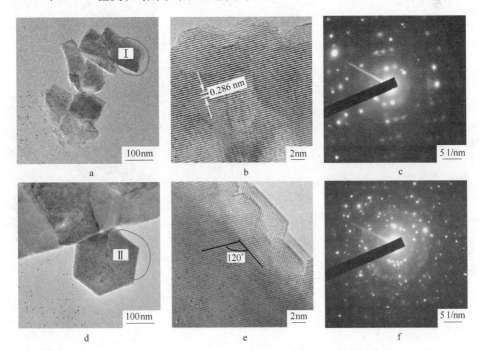

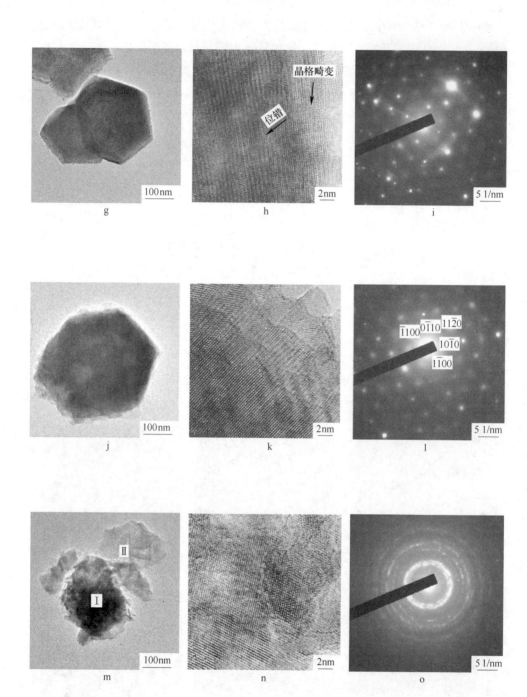

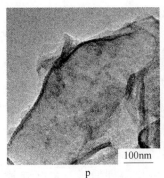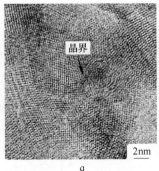

图 4-5　ZnO 薄膜的 TEM、HRTEM 及 SAED 图

a—4min-Ⅰ-TEM 图；b—4min-Ⅰ-HRTEM 图；c—4min-Ⅰ-SAED 图；d—4min-Ⅱ-TEM 图；

e—4min-Ⅱ-HRTEM 图；f—4min-Ⅱ-SAED 图；g—14min-TEM 图；h—14min-HRTEM 图；

i—14min-SAED 图；j—50min-TEM 图；k—50min-HRTEM 图；l—50min-SAED 图；

m—105min-TEM 图；n—50min-Ⅰ-HRTEM 图；o—50min-Ⅰ-SAED 图；

p—105min-Ⅱ-TEM 图；q—105min-Ⅱ-HRTEM 图；r—105min-Ⅱ-SAED 图

由图 4-5a、b、d、e 可见，反应 4min 后钛基片表面沉积六棱柱状 ZnO 纳米棒为六角纤锌矿结构，晶格间距为 0.286nm，沿 c 轴取向优势生长。SAED 光斑图案表明选区内有多个纳米单晶。14min 后，六棱柱状 ZnO 纳米棒块表层晶格出现位错和晶格畸变，至 50min 后表层明显羽化。ZnO 纳米晶体电子衍射图呈现为单晶衍射光斑。105min 后，六方棱柱状单晶 ZnO 进一步分化为多个纳米晶，表层形成的网状茸片，电子衍射光斑成为环状，HRTEM 图中显示的晶界并不清晰，更倾向于严重的晶格缺陷，说明此时晶体生长导向性减弱。

Yoshida 等[176]提出硝酸盐水溶液电沉积 ZnO 的生长速率受控制于缓慢的电荷转移过程。在 ZnNO₃ 和 KCl 体系电沉积 ZnO 膜过程中，Zn^{2+} 在电场作用下被快速吸附到阴极形成双电层，使阴极对 NO_3^- 的静电排斥力减小，然后通过 Zn^{2+} 发生电子转移，NO_3^- 在阴极被还原生成 NO_2^-，同时生成 OH^-，OH^- 与被阴极吸附的 Zn^{2+} 结合成 $Zn(OH)_2$，$Zn(OH)_2$ 脱水形成 ZnO。其化学反应方程式[177]为：

$$NO_3^- + H_2O + 2e^- \longrightarrow NO_2^- + 2OH^- \tag{4-1}$$

$$Zn^{2+} + 2OH^- \rightarrow Zn(OH)_2 \longrightarrow ZnO + H_2O \tag{4-2}$$

反应方程式为：

$$Zn^{2+} + 2NO_3^- + 2e^- \longrightarrow ZnO + 2NO_2^- \tag{4-3}$$

纤锌矿结构 ZnO 是由 O^{2-} 和 Zn^{2+} 的 4 键配位体构成的交替平面沿着 c 轴交替

堆积而成的。电性相反的 $Zn^{2+}(0001)$ 正极面和 $O^{2-}(0001)$ 负极面导致标准偶极矩的形成和沿着 c 轴的自发极化[178]。结合图 4-3~图 4-5 及上述电极反应过程，分析认为，Zn^{2+} 在被吸附到阴极钛基片并与 NO_3^- 的阴极还原产物 OH^- 结合生成 $Zn(OH)_2$，再脱水形成 ZnO 晶核，带正电的 $Zn^{2+}(0001)$ 正极面吸引溶液中带负电的 OH^- 结合生成 $Zn(OH)_2$ 并快速转变成 ZnO，从而导致晶体沿着 c 轴方向异向性生长为六棱柱状 ZnO 单晶。随着反应时间的延长，反应体系内 Zn^{2+} 不断被消耗，浓度降低，ZnO 膜层增厚，体系电流强度下降，电场的能量不足以提供 ZnO 晶体继续沿高能的 （002） 晶面生长，而其他方向的生长得到增长，最终导致 ZnO 直径增大且表层逐渐形成茸片。

在反应体系中，一定浓度的 KCl 保证反应过程中电解液的离子强度相对稳定。也有研究认为较高浓度的 Cl^- 会择优吸附在 $ZnO(0001)$ 正极面上将其包覆，从而阻碍 ZnO 晶体沿 c 轴生长[179]。分析认为这也可能是以上制备的薄膜中 ZnO 棒块长径比较小的原因。

4.3.1.3　疏水性改性前后 ZnO 薄膜的拉曼分析

图 4-6 为采用 10mmol/L 硬脂酸乙醇溶液改性前后 ZnO 薄膜 （105min） 的拉曼谱图。

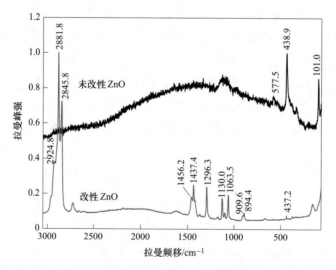

图 4-6　疏水性改性前后 ZnO 薄膜的拉曼谱图

由图 4-6 可见，改性前 ZnO 薄膜的拉曼谱图中分别出现了 E_2（低）模 （101.0cm^{-1}）、E_2（高）模（438.9cm^{-1}）和 A_1（LO）模 （577.5cm^{-1}），改性后的

谱图中也出现了纤锌矿 ZnO 的结构特征模——E_2（高）模（437.2cm^{-1}），并增加了许多硬脂酸组成基团的特征峰。在改性后 ZnO 的拉曼谱图中，894.4cm^{-1} 和 909.6cm^{-1} 处的峰为 C—C—O 对称伸缩振动峰，1063.5cm^{-1} 和 1130.0cm^{-1} 处的峰分别为 C—C 骨架对称和反对称伸缩振动峰。1296.3cm^{-1} 处的峰为—CH$_2$—摇摆和扭曲振动峰。1456.2cm^{-1} 处的峰为—CH$_3$ 反对称变形振动峰。2845.8cm^{-1} 和 2924.8cm^{-1} 处的峰分别为—CH$_2$—对称和反对称伸缩振动峰，2881.8cm^{-1} 处的最强峰为甲基 CH 伸缩振动峰。1437.4cm^{-1} 处的峰为 $\mathrm{C}\!\!\begin{smallmatrix}O\\O\end{smallmatrix}$ 对称伸缩振动峰。由于氢键的作用，硬脂酸一般以二聚体的形式存在。羧基为硬脂酸的特征官能团，由连接在同一个碳原子上的一个羰基和一个羟基。$\mathrm{C}\!\!\begin{smallmatrix}O\\O\end{smallmatrix}$ 为 Zn 取代了这个羟基中的氢离子，连接在同一个 C 原子上的羰基 C =O 和 C—O 发生耦合作用，形成两个等价的 C—O 键[180]。以上分析说明改性后 ZnO 表面被硬脂酸包覆且与其发生类酯化反应，硬脂酸的长链成功嫁接到 ZnO 表面。

4.3.1.4 ZnO 薄膜表面亲疏水性表征

采用 10mmol/L 硬脂酸/乙醇溶液对 ZnO 薄膜进行疏水性改性，并对改性前后钛基片和 ZnO 薄膜表面的水接触角进行了测试，结果如表 4-2 所示。改性前，除电沉积时间为 105min 的 ZnO 薄膜外，钛基片与 ZnO 薄膜表面水接触角均小于 90°，说明其均具有一定的亲水性。水接触角大小与其表面材料性质及形貌有关。而 ZnO 薄膜具有较强的亲水性，ZnO 微粒表面—OH 基团的亲水性是 ZnO 薄膜表现为亲水性的主要原因。ZnO 薄膜表面的微观形貌对其亲水性能产生较大影响。电沉积 14min 时的类似孪晶的棒块状 ZnO 薄膜的水接触角小于电沉积 4min 时的

表 4-2　钛基片及 ZnO 薄膜表面水接触角

样　品	接触角/(°)	
	改性前	改性后
钛基片	53.6±0.3	105.7±0.3
4min	48.3±0.3	120.7±0.3
14min	42.0±0.3	118.8±0.3
50min	68.0±0.3	129.6±0.3
105min	94.9±0.3	146.9±0.3

直径较小的六棱柱状 ZnO 薄膜，其原因应是其表面变粗糙，与水滴接触面积增大。硬脂酸改性后，两者均由亲水转为疏水。电沉积 50min 和 105min 后，棒块状 ZnO 表面长出 10~20nm 厚茸片并逐渐增多，形成微纳米结构的网格状茸片中存在大量的空隙，与水滴接触时产生"荷叶效应"，使其表面由亲水转为疏水。硬脂酸改性后，ZnO 表面嫁接的疏水基团使"荷叶效应"增强，电沉积 105min 后 ZnO 薄膜的水接触角为 145.9°，接近超疏水。

4.3.1.5 ZnO 薄膜表面腐败希瓦氏菌生物被膜黏附与生长曲线

图 4-7 和图 4-8 为腐败希瓦氏菌在 ZnO 薄膜上的黏附和生长曲线。

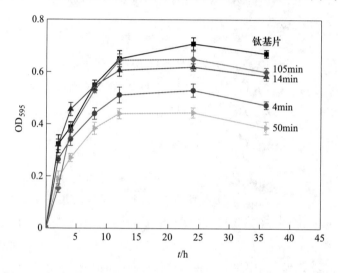

图 4-7 腐败希瓦氏菌生物膜的黏附率曲线（3 个平行，*P<0.05）

由图 4-7 可见，在 0~2h，ZnO 薄膜表面黏附的生物被膜量迅速增加，表明细菌从最初的可逆附着转化为不可逆附着。在 2~12h，生物被膜黏附率快速增大，此阶段为生物被膜的生长期。12~24h，生物被膜黏附率增加缓慢，生物被膜进入成熟期。24h 后，生物被膜黏附率下降，生物被膜进入衰退期。

图 4-7 的结果表明，在生物被膜形成初期（0~4h），被膜量随着材料表面疏水性的增强而减少。4~12h，14min 和 105min 样品的生物被膜量增长趋势明显增强，说明材料表面的粗糙度及微观结构成为影响被膜发展的主要因素。Bohinc 等[181]研究结果也证实表面粗糙度对细菌附着率有很大的影响。随着有效表面的增加和表面缺陷的增加，细菌对粗糙表面的黏附力增加。从图 4-2 及图 4-3 中样品表面的微观结构来看，14min 和 105min 样品更易于附着生物被膜。并且，微生物生长过程中菌丝更易探入材料表面的微纳米孔道，进而使菌细胞聚集黏附于材

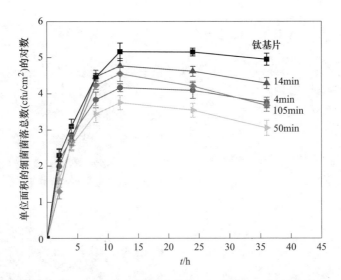

图 4-8　腐败希瓦氏菌生物被膜的被膜菌生长曲线（3 个平行，* $P<0.05$）

料表面。因此，具有纳米网状茸片结构的 105min 样品更易于附着生物被膜。这与 Feng 等[125] 报道的大肠杆菌附属菌菌丝更容易探入直径为 50nm 和 100nm 的 PAA 膜孔道并黏附的结果一致。

图 4-8 为材料表面生物被膜的被膜菌生长曲线。由图可见，被膜菌均在 12h 达到最大值，随后逐渐下降。在 0～4h，材料表面的被膜菌数量差异不显著，相对来说表面疏水性较强的 50min 和 105min 样品有效减少了细菌的黏附数量。在生物被膜的成熟阶段（4～8h），受材料表面粗糙度及微观形貌影响，14min 和 105min 样品表面被膜菌数量的增长速率更大。8h 后，ZnO 薄膜表面的被膜菌数量增速放缓，钛基片表面的被膜菌数量持续增长。12～36h，50min 和 105min 样品表面被膜菌数量显著下降，而钛基片表面被膜菌数量只是略有下降，这说明 ZnO 的抗菌性能发挥作用，表面积较大和具有较小纳米尺寸茸片的 ZnO 薄膜表现出更优异的抗菌性能。纳米片状 ZnO 与微生物细胞的有效接触面积更大，因此，比纳米棒、块状的 ZnO 的抗菌作用更强。

4.3.1.6　ZnO 薄膜表面腐败希瓦氏菌生物被膜形成和生长过程中的微观形貌变化

ZnO 薄膜表面腐败希瓦氏菌菌体生长过程形貌变化如图 4-9 所示。由图可见，饱满而富有活力的菌体分泌被膜黏附成分附着于材料表面，随着生长时间的延长，细菌进一步黏附并开始分裂繁殖。成熟的细菌生长大量菌丝进一步紧密攀附于材料表面，菌丝之间形成菌丝网使黏附层更加牢固。

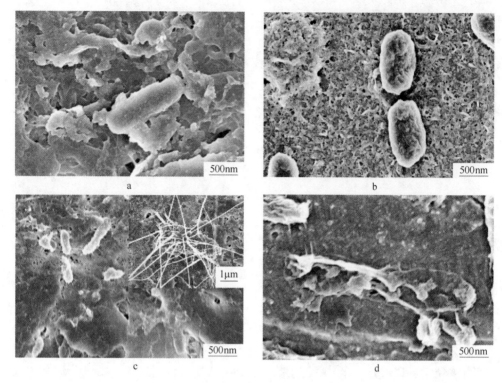

图 4-9　菌体生长过程形貌 SEM 图

a—菌体；b—分裂裂殖；c—菌丝生长；d—菌体死亡

　　钛基片及 ZnO 薄膜表面腐败希瓦氏菌生物被膜不同生长阶段的微观形貌如图 4-10 所示。由图可见，样片在腐败希瓦氏菌液中培养 2h 后，部分有机残渣（胞外多糖 EPS）和少量活菌附着于材料表面，细菌处于最初的黏附和生长阶段。随着微生物的生长，更多的被膜黏附成分附着于材料表面，细菌进一步黏附并开始大量繁殖，生物膜进入成熟阶段。24h 后活菌数量略有减少，ZnO 薄膜表面均有少量死菌出现。到 36h 后，细菌细胞受损，死菌数增多，胞外多糖膜明显脱落，生物被膜进入衰退阶段。

　　分析认为，在生物被膜形成初期，改性后材料表面的疏水性质降低了生物膜的黏附率，如 50min 和 105min 样品，其表面的被膜黏附率和被膜菌总数均最小，而钛基片和 14min 样品表面的被膜黏附率和被膜菌总数则较大；此外，材料表面的微观形貌也影响生物被膜的黏附，随着生物被膜进入成熟期，表面粗糙的 14min 样品以及表面具有良好微纳米茸片结构的 105min 样品表面的被膜黏附量增多。成熟期后，材料表面生长的纳米 ZnO 对腐败希瓦氏菌的生长和繁殖表现出明

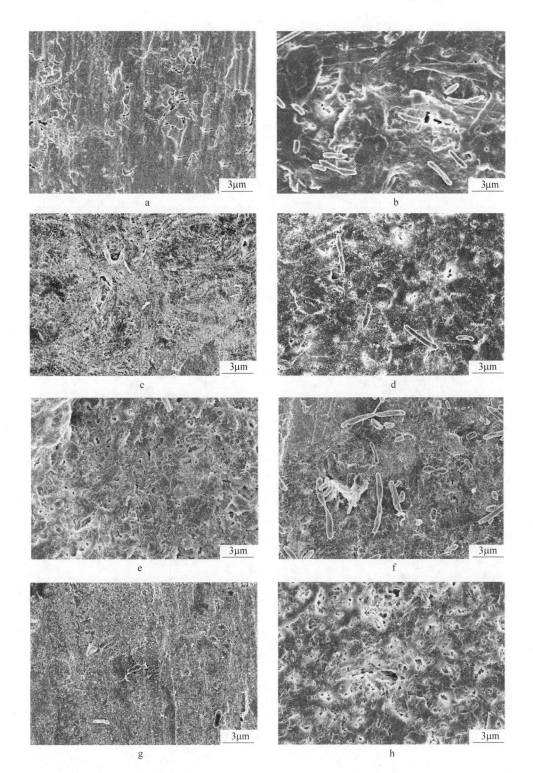

a

b

c

d

e

f

g

h

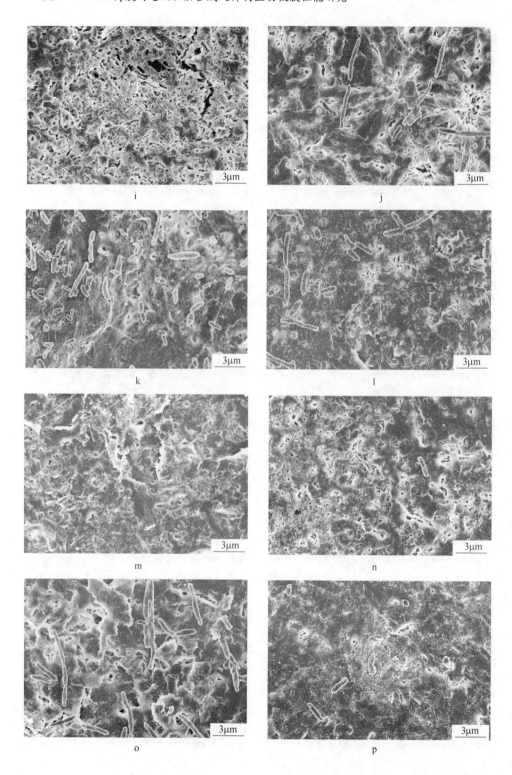

i

j

k

l

m

n

o

p

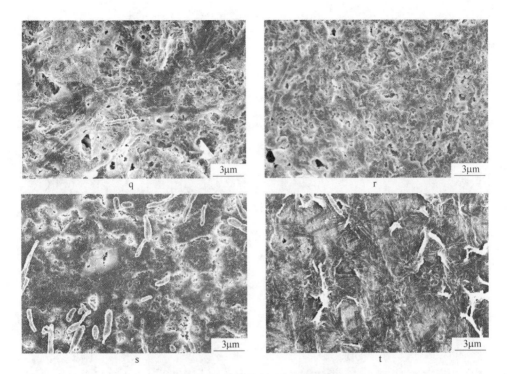

图 4-10 钛基片及 ZnO 薄膜表面生物被膜的 SEM 图

a—钛基片，2h；b—钛基片，12h；c—4min，2h；d—4min，12h；e—14min，2h；

f—14min，12h；g—50min，2h；h—50min，12h；i—105min，2h；j—105min，12h；

k—钛基片，24h；l—钛基片，36h；m—4min，24h；n—4min，36h；o—14min，24h；

p—14min，36h；q—50min，24h；r—50min，36h；s—105min，24h；t—105min，36h

显的抑制作用。锌离子溶出并与细菌体内活性蛋白酶相结合使其失去活性，最后导致细菌细胞被损坏直至死亡。因此，ZnO 薄膜的抑菌性能均优于钛基片。具有纳米茸片结构 ZnO 薄膜（50min 和 105min 样品）表面的生物被膜中存在大量死菌且活菌数较少，说明其抑菌性能优异。

4.3.1.7 ZnO 薄膜表面死、活腐败希瓦氏菌数分析

选取表面被膜菌量差异较大的钛基片、14min 和 50min 样品，采用 CLSM 观察其表面死（红色）、活（绿色）腐败希瓦氏菌情况如图 4-11 所示。生物被膜培养 2h 后，活菌数量较少。12h 时，被膜菌大量繁殖，活菌数量显著增加。24h 时，ZnO 薄膜表面附着的生物被膜菌出现少量死菌，36h 时所有样片上均有较多的死菌，且不锈钢原片上的死菌数较少，反应 50min 时制备的表面长有茸片的 ZnO 薄膜表面的死菌数较多，说明 ZnO 薄膜具有较强的抑菌性能，且材料表面尺度越小、表面基越大，抑菌效果越强。与前面的分析结果一致。

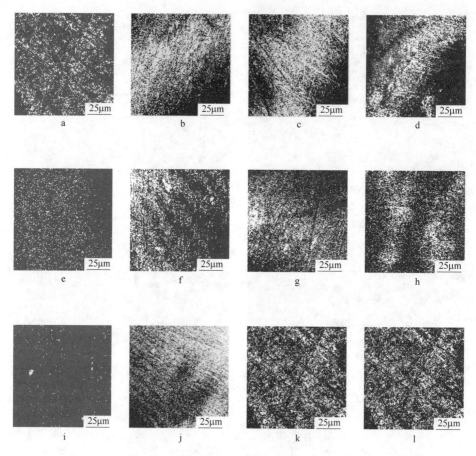

图 4-11　生物被膜不同生长阶段的 CLSM 图

a—钛基片，2h；b—钛基片，12h；c—钛基片，24h；d—钛基片，36h；e—14min，12h；

f—14min，2h；g—14min，24h；h—14min，36h；i—50min，2h；j—50min，12h；

k—50min，24h；l—50min，36h

4.3.2　CH₃COONH₄体系制备的 ZnO 薄膜

4.3.2.1　阴极电沉积法制备 ZnO 薄膜的电流-时间曲线

为了考察温度对阴极电沉积法制备 ZnO 薄膜的影响，不同温度时阴极电沉积 ZnO 的电流-时间曲线以 5mmol/L Zn（NO₃）₂ 与 10mmol/L CH₃COONH₄混合溶液为电解液，在 2.0V 电压、10mm 电极间距条件下，测定并绘制了不同温度时阴极电沉积 ZnO 的电流-时间曲线，结果如图 4-12 所示。

由图 4-12 可见，电沉积开始后体系内电流急剧下降，100s 左右开始缓慢下

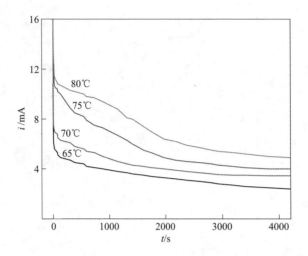

图 4-12 不同温度下电沉积 ZnO 薄膜电流-时间曲线

降。860s 左右电流下降速度略增后放缓，至 2000s 左右电流下降平缓。反应体系温度较低时，起始电流也较低。反应 4200s（70min）后，体系电流均下降且反应体系温度越低电流越小。

4.3.2.2 ZnO 薄膜的微观形貌及结构分析

以钛片为工作电极（阴极），等面积的石墨为对电极（阳极），5mmol/L Zn(NO₃)₂ 与 10mmol/L CH₃COONH₄ 混合溶液为电解液，在 2.0V 电压、10mm 电极间距和一定温度条件下对阴极电沉积 50min 制备的 ZnO 薄膜表面形貌进行表征，结果如图 4-13 所示。

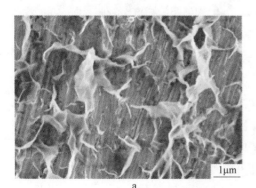

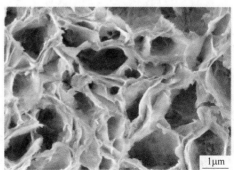

a　　　　　　　　　　　　　b

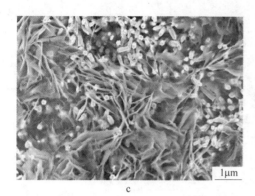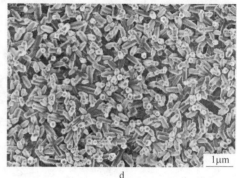

图 4-13　不同反应温度下制备的 ZnO 薄膜的 SEM 图

a—65℃；b—70℃；c—75℃；d—80℃

由图 4-13 可见，在不同反应温度下钛基片表面沉积的 ZnO 薄膜形貌差异显著。反应体系温度较低时（65℃），钛基片表面只生长有少量茸片，未能沉积生长完整的 ZnO 薄膜。反应体系温度为 70℃ 时，钛基片表面沉积生长的 ZnO 薄膜由纳米花墙组成，墙壁厚约 20nm；反应体系温度为 70℃ 时，ZnO 薄膜六棱柱状纳米棒与纳米花墙混合生长于钛基片；表面反应体系温度较高（80℃）时 ZnO 薄膜由六棱柱状纳米棒簇组成，纳米棒直径约为 150nm。

70℃ 和 80℃ 条件下制备的钛基 ZnO 薄膜的 XRD 谱图如图 4-14 所示。由图可见，70℃ 和 80℃ 条件下制备的 ZnO 薄膜样品衍射峰与六角纤锌矿结构 ZnO 晶体的标准卡（PDF # 36-1451）基本吻合。反应体系温度为 70℃ 时制备的纳米花墙状 ZnO 的（100）和（101）峰较强，（002）峰较弱；反应体系温度为 80℃ 时制备的六棱柱状纳米棒簇 ZnO 的（002）峰较强，（100）和（101）峰较弱。

为进一步分析 ZnO 薄膜的微观形貌结构，对以上两种 ZnO 薄膜进行了 TEM、HRTEM、SAED 检测，结果如图 4-15 所示。由图可见，70℃ 条件下制备的 ZnO 的电子衍射为环状光斑，在 TEM 图中，粒径约 10nm 的纳米晶清晰可见，在 HRTEM 图中观察到各晶粒生长方向并不一致，分析认为是在较低的电沉积温度下 ZnO 自由成核并生长，纳米花墙状 ZnO 应为多晶。80℃ 条件下制备的 ZnO 的电子衍射为周期排列的两维衍射点，在 HRTEM 图中观测到晶格间距约为 0.26nm，结合 XRD 分析，认为纳米棒状 ZnO 为沿 c 轴取向优势生长的单晶。

根据电结晶薄膜择优取向的二维晶核理论[182]，电流密度影响 ZnO 薄膜的形成及择优取向。温度较低时（65℃），阴极附近电流密度较小（图 4-12），达不到 ZnO 形核活化能，因此钛基片表面未能沉积生长出完整的 ZnO 薄膜（图 4-13）。

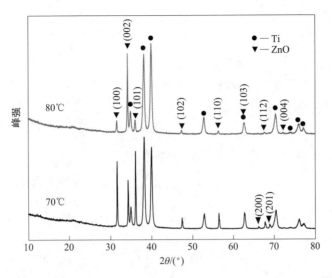

图 4-14 70℃、80℃条件下制备的 ZnO 薄膜的 XRD 谱图

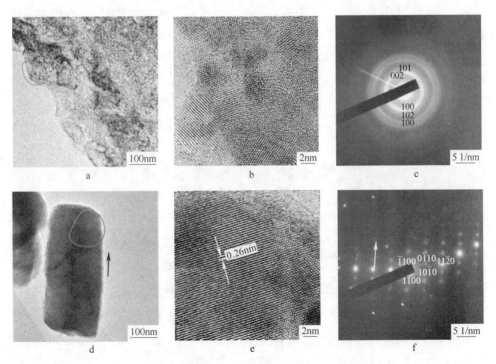

图 4-15 ZnO 薄膜的 TEM、HRTEM 及 SAED 图

a—70℃-TEM 图；b—70℃-HRTEM 图；c—70℃-SAED 图；

d—80℃-TEM 图；e—80℃-HRTEM 图；f—80℃-SAED 图

反应体系温度为70℃时，阴极附近电流密度增大，ZnO 的形核率远大于原子表面扩散速率，较大电流密度使阴极附近的 OH^- 浓度较高，溶液过饱和度也较高，ZnO 晶核在原位堆积来不及向高能晶面扩散，导致其他晶体学生长方向的出现。这应是纳米花墙状 ZnO 薄膜未表现出 c 轴取向生长且结晶性能较差的原因。

随着反应体系温度升高，CH_3COONH_4 的水解过程得到促进，而水解产物 NH_3 浓度的增加会影响 ZnO 纳米结构的形成[183]。在 $ZnNO_3$ 和 CH_3COONH_4 体系中，由于 CH_3COO^- 和 NH_4^+ 的水解程度相差不大，溶液 pH 值为7。CH_3COONH_4 水解生成的 NH_3 与 Zn^{2+} 结合生成 $[Zn(NH_3)_4]^{2+}$。其化学反应方程式为：

$$CH_3COO^- + NH_4^+ + H_2O \longrightarrow CH_3COOH + NH_3 \cdot H_2O \qquad (4-4)$$

$$Zn^{2+} + 4NH_3 \longrightarrow [Zn(NH_3)_4]^{2+} \qquad (4-5)$$

上述反应致使阴极附近游离 Zn^{2+} 减少，而 NO_3^- 在阴极被还原生成 OH^- 的生成速率比 Zn^{2+} 扩散到阴极的速率要高。因此，在较高温度下（80℃），Zn^{2+}/OH^- 浓度比值减小，带正电的 $Zn^{2+}(0001)$ 正极面更容易吸引溶液中带负电的 OH^- 结合生成 $Zn(OH)_2$ 并快速转变成 ZnO，从而导致晶体沿着 c 轴方向异向性生长为六棱柱状 ZnO 单晶。电沉积温度为75℃时，ZnO 薄膜的生长状态应是处于转变期，其形貌结构为纳米棒与纳米花墙的混合结构。

4.3.2.3 疏水性改性前后 ZnO 薄膜的拉曼分析

为了考察 10mmol/L 硬脂酸乙醇溶液改性前后 ZnO 薄膜表面基团变化情况，以75℃条件下制备的表面形貌为六棱柱状纳米棒与纳米花墙混合型 ZnO 薄膜为样本，进行了拉曼光谱分析。拉曼谱图如图 4-16 所示。

由图可见，改性前 ZnO 薄膜的拉曼谱图中分别出现了 E_2（低）模（101.0cm^{-1}）、E_2（高）模（437.9cm^{-1}）和 A_1（LO）模（574.7cm^{-1}），改性后的谱图中也出现了纤锌矿 ZnO 的结构特征模——E_2（高）模（437.2cm^{-1}），并增加了许多硬脂酸组成基团的特征峰。在改性后 ZnO 的拉曼谱图中，1063.5cm^{-1} 和 1129.0cm^{-1} 处的峰分别为 C—C 骨架对称和反对称伸缩振动峰。1296.9cm^{-1} 处的峰为—CH_2—摇摆和扭曲振动峰。1456.8cm^{-1} 处的峰为—CH_3 反对称变形振动峰。2851.1cm^{-1} 处的峰为—CH_2—对称伸缩振动峰，2884.0cm^{-1} 处的最强峰为甲基 CH 伸缩振动峰。1438.0cm^{-1} 处的峰为 $C\begin{smallmatrix}O\\ \diagdown\\ O\end{smallmatrix}$ 的对称伸缩振动峰。以上分析说明改性后

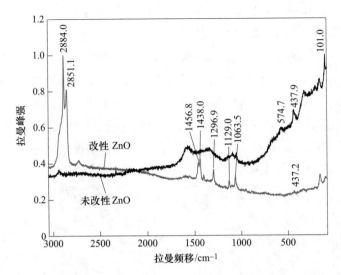

图 4-16　疏水性改性前后 ZnO 薄膜的拉曼谱图

ZnO 表面被硬脂酸包覆且与其发生类酯化反应，硬脂酸的长链成功嫁接到 ZnO 表面。

4.3.2.4　ZnO 薄膜表面亲疏水性表征

采用 10mmol/L 硬脂酸/乙醇溶液对钛基片和在 70℃、75℃、80℃条件下制备的 ZnO 薄膜进行疏水性改性，并对改性前后钛基片和 ZnO 薄膜表面的水接触角进行了测试，结果如表 4-3 所示。改性前的 4 种样品表面水接触角均小于 90°，说明其均具有一定的亲水性。ZnO 薄膜表面的微观形貌对其亲水性能产生较大影响。70℃条件下制备的花墙状 ZnO 薄膜水接触角最大，接近疏水，应是其表面的微纳米结构所致。改性后的四种样品表面水接触角均大于 90°，说明均由亲水转为疏水，归因于材料表面疏水性基团的作用。70℃条件下制备的花墙状 ZnO 薄膜水接触角最大，达到超疏水。

表 4-3　钛基片及 ZnO 薄膜表面水接触角

样　品	接触角/(°)	
	改性前	改性后
钛基片	53.0±0.3	104.6±0.3
70℃	86.7±0.3	153.4±0.3
75℃	53.6±0.3	117.5±0.3
80℃	63.1±0.3	128.7±0.3

　　20 世纪末，Barthlott[113] 和 Neinhuis[184] 报道了荷叶的"自清洁"效应是由其表面微米级乳突以及蜡状薄层共同作用引起的。近年来的一些仿生学研究发现，不仅乳突结构，片状结构、错皱、柱状结构、沟槽周期结构等都能使一些植物表面呈现优异的疏水性。有些植物同时具有其中 2～3 种结构，呈复合微纳结构[185]。例如，水稻叶表面具有宽几百微米的沟垄周期结构，垄台上分布着无数的微米柱，微米柱则由众多纳米片组成。当与水接触时，这种复合微纳结构内的空气被包覆其中，有效减少了水滴的浸润，使水稻叶表面表现为疏水性。

　　改性后具有超疏水性的花墙状 ZnO 薄膜的表面形貌如图 4-17 所示。

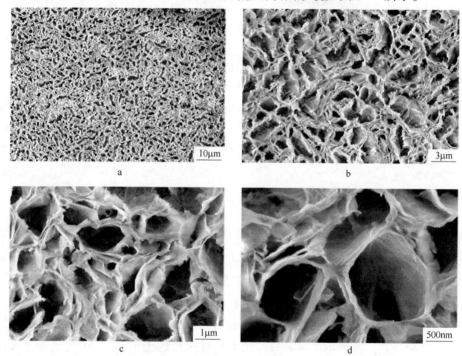

图 4-17　花墙状 ZnO 薄膜的 SEM 图

a—1500 倍；b—5000 倍；c—15000 倍；d—30000 倍

　　从图 4-17a 中可见众多宽几个微米的沟槽，从图 4-17b 中可见垄台由多层纳米花墙组成，从图 4-17c、d 中可见，几纳米厚的纳米花墙各层间交互连接，层间隙大小不一。相对于棒状和花墙-棒混合状 ZnO 膜，花墙状 ZnO 薄膜具有最大的比表面积。硬脂酸改性后，更多的疏水性集团暴露于薄膜表面。当与水接触时，水-膜接触处众多的疏水性集团有效减少水滴的浸润，沟槽及层间隙中存在的空气起到承托作用，使花墙状 ZnO 薄膜表面表现为超疏水。

4.3.2.5 ZnO薄膜表面腐败希瓦氏菌生物被膜黏附与生长曲线

选用4.3.2.4节中硬脂酸改性后的4种样品进行抑制生物被膜性能研究。图4-18和图4-19为腐败希瓦氏菌在4种样品上的黏附和生长曲线。

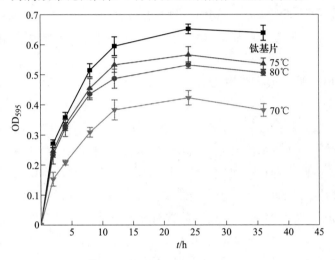

图4-18 腐败希瓦氏菌生物膜的黏附率曲线（3个平行，*$P<0.05$）

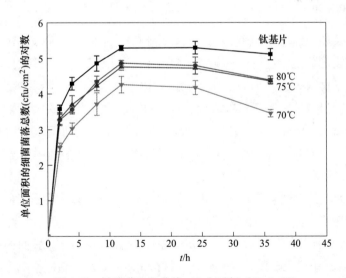

图4-19 被膜菌生长曲线（3个平行，*$P<0.05$）

由图4-18可见，在0~2h，细菌从最初的可逆附着转化为不可逆附着，ZnO薄膜表面黏附的生物被膜量迅速增加。在2~12h，为生物被膜的生长期，生物被膜黏附率快速增大。12~24h，生物被膜黏附率增加缓慢，生物被膜进入成熟期。24h 后，生物被膜黏附率下降，生物被膜进入衰退期。

图 4-18 的结果表明，在生物被膜形成初期（0~4h），被膜量随着材料表面疏水性的增强而减少。具有超疏水表面（70℃，花墙状）的样品，其表面的生物被膜量明显低于其他样品。钛基片表面的生物被膜量最大，另外两种 ZnO 薄膜样品表面的生物被膜量无明显差异。说明材料表面疏水性能成为影响被膜发展的主要因素。

由图 4-19 可见，被膜菌均在 12h 达到最大值，随后逐渐下降。在 0~4h，具有超疏水表面（70℃，花墙状）的样品表面被膜菌数量明显低于其他样品。钛基片表面的被膜菌数量最大，另外两种 ZnO 薄膜样品表面的被膜菌数量无明显差异。这说明材料表面疏水性质可有效减少细菌的黏附数量。在生物被膜的生长阶段（4~12h），材料表面被膜菌数量均显著增长。12~24h，ZnO 薄膜样品表面被膜菌数量开始下降，而钛基片表面被膜菌量并未减少，这说明 ZnO 的抗菌性能发挥作用。24h 后，ZnO 薄膜表面被膜菌数量显著下降，70℃条件下制备的花墙状 ZnO 薄膜表面被膜菌数量下降速率最大，说明较小纳米尺度的 ZnO 拥有更大的有效抗菌表面，从而表现出更优异的抗菌性能。

4.3.2.6 ZnO 薄膜表面腐败希瓦氏菌生物被膜微观形貌分析

钛基片及 ZnO 薄膜表面腐败希瓦氏菌生物被膜不同生长阶段的微观形貌如图 4-20 所示。由图可见，样片在腐败希瓦氏菌液中培养 2h 后，部分有机残渣和少量活菌附着于材料表面，细菌处于最初的黏附和生长阶段。随着微生物的生长，更多的被膜黏附成分附着于材料表面，细菌进一步黏附并开始大量繁殖，生物膜进入成熟阶段。12h 后，除钛基片外，ZnO 薄膜样品表面活菌数量均开始减少并且出现死菌。到 36h，细菌细胞受损，死菌数增多，胞外多糖膜明显脱落，生物被膜进入衰退阶段。

分析认为，在生物被膜形成初期，改性后材料表面的疏水性质降低了生物膜的黏附率，如 70℃条件下制备的花墙状 ZnO 薄膜样品，其表面的被膜黏附率和被膜菌总数均最小，而钛基片的最大，棒状和花-棒混合形貌的样品表面的被膜黏附率和被膜菌总数适中且无显著差异。此外，材料表面的微观形貌也影响生物被膜的黏附，随着生物被膜进入成熟期，表面粗糙的 70℃和 75℃样品表面被膜黏附量略少。成熟期后，材料表面生长的纳米 ZnO 对腐败希瓦氏菌的生长和繁殖表现出明显的抑制作用。锌离子溶出并与细菌体内活性蛋白酶相结合使其失去活性，最后导致细菌细胞被损坏直至死亡。因此，ZnO 薄膜的抑菌性能均优于钛基片的。

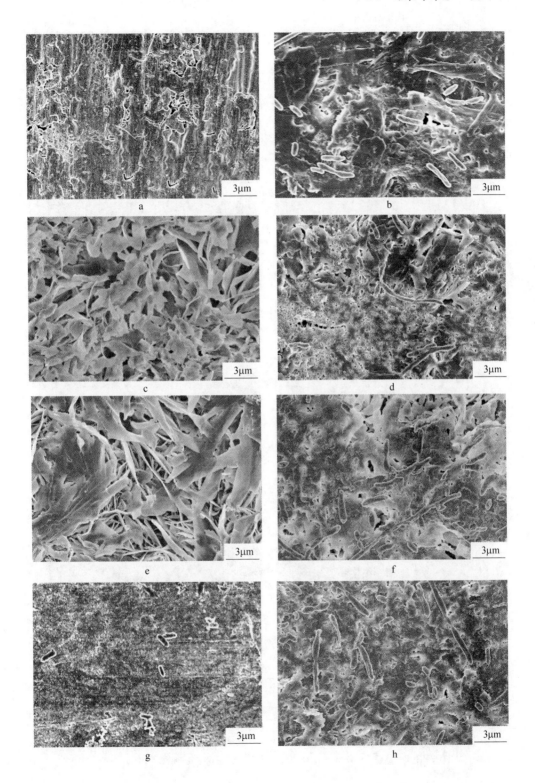

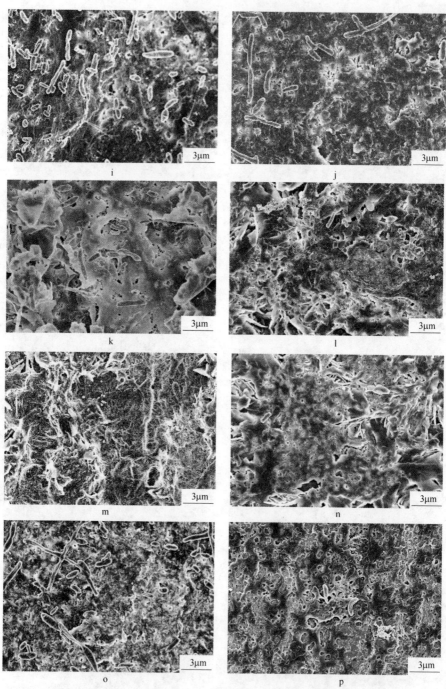

图 4-20　钛基片及 ZnO 薄膜表面生物被膜的 SEM 图

a—钛基片，2h；b—钛基片，12h；c—70℃，2h；d—70℃，12h；e—75℃，2h；
f—75℃，12h；g—80℃，2h；h—80℃，12h；i—钛基片，24h；j—钛基片，36h；
k—70℃，24h；l—70℃，36h；m—75℃，24h；n—75℃，36h；o—80℃，24h；p—80℃，36h

4.3.2.7　ZnO 薄膜表面死、活腐败希瓦氏菌数分析

采用 CLSM 观察钛基片及 ZnO 薄膜表面死、活腐败希瓦氏菌情况如图 4-21 所示。图 4-21 表明各生长阶段生物被膜中腐败希瓦氏菌的活菌（绿色）和死菌（红色）数。生物被膜培养 2h 后，活菌数量较少。12h 时，被膜菌大量繁殖，活菌数量显著增加。24h 时，ZnO 薄膜表面附着的生物被膜菌出现死菌，36h 时所有样片上均有较多的死菌，且钛基片上的死菌数较少，ZnO 薄膜表面的死菌数较多，说明 ZnO 薄膜均具有较强的抑菌性能。同时可以观察到，70℃条件下制备的具有微纳米花墙结构的 ZnO 薄膜样品表面的死菌数明显多于活菌数，说明其抑菌性能更优异。与前面的分析结果一致。

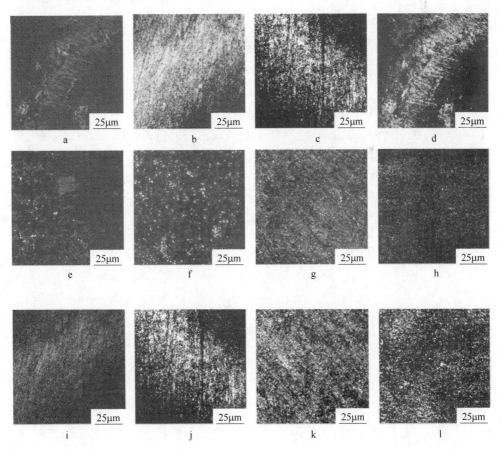

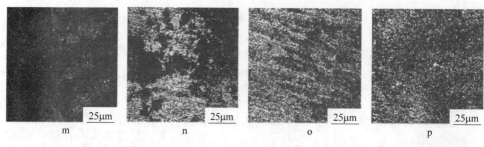

图 4-21　生物被膜不同生长阶段的 CLSM 图

a—钛基片，2h；b—钛基片，12h；c—钛基片，24h；d—钛基片，36h；
e—70℃，2h；f—70℃，12h；g—70℃，24h；h—70℃，36h；
i—75℃，2h；j—75℃，12h；k—75℃，24h；l—75℃，36h；
m—80℃，2h；n—80℃，12h；o—80℃，24h；p—80℃，36h

图 4-21 彩

4.4　本 章 小 结

　　本章采用二电极阴极电沉积法于高纯钛基片表面制备了 ZnO 薄膜，分析研究了电解液、沉积时间及温度影响 ZnO 薄膜微观形貌的机理，以及 ZnO 薄膜的微观形貌、疏水性能对其抑制生物被膜性能的影响。结果表明，ZnO 薄膜的微观形貌直接影响其改性后的疏水性能。花墙状 ZnO 薄膜由于具有沟槽式微纳结构，经改性后表面获得超疏水性能。薄膜表面的疏水性质均能有效减少生物被膜的黏附量。具有更小纳米尺度的纳米片（茸片、花墙）状结构的 ZnO 薄膜的抗菌性能更优异。

5 几种疏水性 ZnO 薄膜抑制
生物被膜性能比较

基于第 2~4 章对不同基底材料表面制备的疏水性 ZnO 薄膜抑制生物被膜性能的研究，本章对比研究这几种不同形貌结构 ZnO 薄膜对抑制生物被膜性能的影响，并进行机理分析。实验材料和实验仪器同第 2~3 章。

5.1 实验过程

分别选取不同基底材料表面制备的具有最好抑制生物被膜性能的 ZnO 薄膜进行抑制生物被膜性能对比研究。选取样品分别为第 2 章 Zn-2（记为 a），第 3 章 ZnO-pH = 11.5（记为 b）、2% Ag/ZnO（记为 c），以及第 4 章的 KCl 体系，ZnO-105min（记为 d）和 CH_3COONH_4 体系，ZnO-70℃（记为 e），共 5 种样品。另有钛基片（记为 f）作为参照样品。

表征分析方法同第 2~4 章。

5.2 结果与讨论

5.2.1 ZnO 薄膜表面形貌对比

5 种 ZnO 薄膜样品以及钛片表面形貌对比如图 5-1 所示。由图 5-1a 可见，ZnO 薄膜仍然保留了原来 PAA 基底的六方形框架结构的形貌，粒径 10~20nm 的 ZnO 颗粒附着于 PAA 骨架上，较大的内部孔洞并未填满；由图 5-1b、c 可见，ZnO 薄膜为直径 10~40nm 的 ZnO 纳米棒束阵列，Ag 修饰后，纳米棒直径减小且更加弯曲似纳米线，纳米棒束间距增大，且分布更均匀；图 5-1d 为孪晶态 ZnO 棒块，其表面被网状茸片覆盖；图 5-1e 的 ZnO 薄膜由厚约 20nm 的纳米花墙组

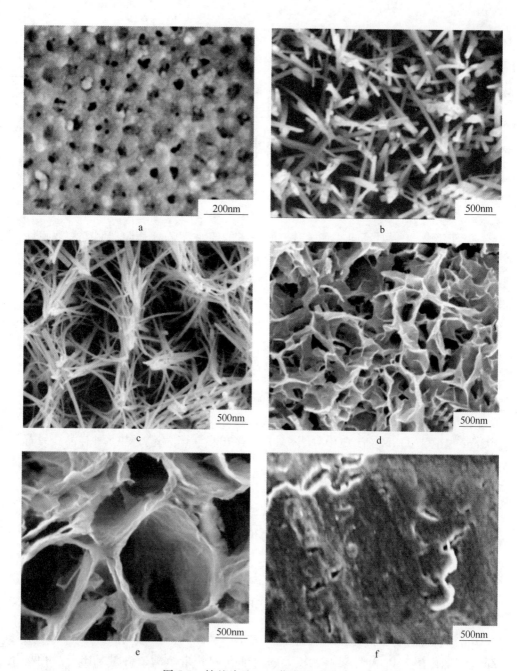

图 5-1 钛基片及 ZnO 薄膜的 SEM 图

a—第 2 章 Zn-2；b—第 3 章 ZnO-pH=11.5；c—第 3 章 2% Ag/ZnO；

d—第 4 章 KCl 体系，ZnO-105min；e—第 4 章-CH$_3$COONH$_4$ 体系，ZnO-70℃；f—钛基片

成。对比分析，5 种样品均为一定形貌的纳米 ZnO 构成薄膜，如纳米颗粒（a）、纳米线（b、c）、纳米片（d、e）。纳米 ZnO 构成了具有一定的微纳米结构薄膜，其中 c 和 e 的微纳米结构更均匀，内部空间更大，可容纳空气量也更大。

5.2.2 改性后 ZnO 薄膜表面疏水性能对比

采用 10mmol/L 硬脂酸/乙醇溶液对 5 种 ZnO 薄膜及钛片进行疏水性改性，并对改性前后样品表面的水接触角进行测试，结果如表 5-1 所示。改性前，样品表面均表现为亲水性。改性后的样品表面水接触角均大于 90°，ZnO 薄膜样品表面均达到超疏水或接近超疏水。与图 1-9e~h 的微纳米结构相似，5 种 ZnO 薄膜样品表面均具有一定的微纳米形貌结构。样品中，a、d 接近超疏水，b~e 表现出超疏水性能。样品 c 为分布均匀的纳米棒束，改性后其表面完全不沾水滴。疏水性能测试结果说明具有良好的微纳米结构的材料表面嫁接疏水基团后易获得超疏水性能。

表 5-1 ZnO 薄膜表面水接触角

样品	接触角/(°)	
	改性前	改性后
a	30.2±0.3	140.6±0.3
b	10.6±0.3	162.6±0.3
c	9.8±0.3	不沾
d	95.1±0.3	147.2±0.3
e	86.4±0.3	152.7±0.3
f	53.0±0.3	104.6±0.3

5.2.3 ZnO 薄膜表面抑制腐败希瓦氏菌生物被膜性能对比分析

ZnO 薄膜表面腐败希瓦氏菌生物被膜黏附和被膜菌生长情况如图 5-2 和图5-3 所示。由图可见，疏水性能最强的样品 c 表现出最小的被膜黏附量和最少的被膜菌数，其次为 b，e 和 d 无显著性差异，a 的被膜黏附量最大，被膜菌数最多。在 2h 时，疏水性能最强的样本 c 的被膜量和被膜菌数显著低于其他样本，说明在生物被膜形成初期，材料表面疏水性可有效减少腐败希瓦氏菌的黏附。24~36h，样品 c 的被膜菌数下降比率最大，说明其表面 Ag/ZnO 表现出最优的抑菌性能。

相对于参照样品钛基片，ZnO 薄膜表面均表现出较好的抑制生物被膜性能。

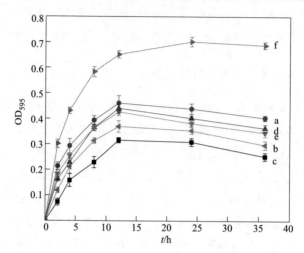

图 5-2 生物被膜的黏附率变化曲线（3 个平行，$^*P<0.05$）

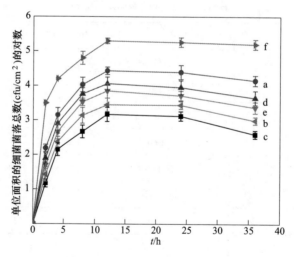

图 5-3 生物被膜的被膜菌生长曲线（3 个平行，$^*P<0.05$）

5.2.4 ZnO 薄膜表面抑制腐败希瓦氏菌生物被膜影响因素及机理分析

根据 1.5 节的总结分析，材料表面性质，如粗糙度、微观结构、亲水性、抗菌成分等均影响生物被膜的形成和黏附。样本 c 具有最优的疏水性能，接触面含有抗菌成分 Ag 和 ZnO，两者产生协同抗菌作用；根据 1.3.2 节的总结分析，ZnO 颗粒的尺寸大小和浓度、形貌结构、表面缺陷以及光照条件等均影响其抗菌效果。

纳米 ZnO 的形貌可以影响其被细胞内部化的机制，如杆状和线状纳米 ZnO 比球形纳米 ZnO 更容易穿透细菌细胞壁[75]，而花状纳米 ZnO 对金黄色葡萄球菌（*S. aureus*）和大肠杆菌（*E. coli*）的生物灭活性强于球状和棒状的纳米 ZnO[76]。样本 b、c 具有类似纳米针状 ZnO 阵列表面，与纳米球、纳米片相比，具有更优异的抗菌性能。

此外，ZnO 晶体表面存在氧空位（V_o）和锌间隙（Zn_i）等本征点缺陷。作为一种活性位点，V_o 的存在促使 ZnO 表面形成大量的载流子，与水接触时会产生 H_2O_2，产生抗菌效果[77]。将金属或者非金属元素引入纳米 ZnO 的晶格内部，在纳米 ZnO 的晶格中引入新的原子形成缺陷或间隙型空位，从而影响光激发产生 e^- 和 h^+ 的运动状况，或者改变纳米 ZnO 的能带结构，进而提高纳米 ZnO 的抗菌活性。研究发现，有空价带的过渡金属、一些非金属元素以及碱土金属离子掺杂改性均可提高纳米 ZnO 抗菌活性[69]。样本 c 为 Ag 掺杂的 ZnO 薄膜，根据 3.3.3.1~3.3.3.5 节的分析，Ag 进入 ZnO 晶格，新原子的引入形成缺陷或间隙型空位，进一步提高纳米 ZnO 的抗菌活性。

5.2.5 几种薄膜表面抑制生物被膜性能比较

本章对比研究了 5 种 ZnO 薄膜的抑菌性能，相对于参照样片，计算出生物被膜抑制率。文献中有相似研究成果，如 Snega 等[94]采用喷雾热解技术在玻璃基底上制备了 ZnO∶Mg∶F 薄膜。保持 F 掺杂量为 20% 不变，改变 Mg 掺杂量（4%、8%、12%、16%），得到一系列 Mg、F 共掺杂 ZnO 薄膜。研究了系列 ZnO 薄膜抑制大肠杆菌生物被膜情况。本研究结果与该文献对比分析如图 5-4 所示。分析认为 Mg、F

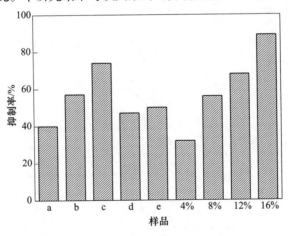

图 5-4 几种样品对生物被膜抑制率对比

共掺杂 ZnO 薄膜中，Mg、F、ZnO 均为抑菌成分，对大肠杆菌产生良好的抑制作用，当 F 掺杂量为 20%、Mg 掺杂量为 16% 时，生物被膜抑制率约为 90%。根据 1.4 节的总结分析，抑制生物被膜性能不仅与材料表面性质有关，还与细菌种类，培养时间、温度等因素有关。不同抑菌成分对不同菌种的抑菌性能只能相对比较。本研究成果中，样品 c(Ag/ZnO) 也表现出优异的抑制生物被膜性能。

5.3 本 章 小 结

ZnO 薄膜抑制生物被膜性能受其表面微观形貌结构、疏水性能影响。抗菌成分及表面缺陷可进一步提高纳米 ZnO 的抗菌活性，减少被膜菌数量。

对比分析结果表明，在 ZnO 薄膜经硬脂酸改性后均具有超疏水性或近超疏水性能，2% Ag/ZnO 薄膜具有纳米棒簇微观形貌结构，ZnO 纳米束均匀分布，经硬脂酸改性后具有超强的疏水性能，有效地减少了生物被膜的黏附；同时 Ag 离子的协同抑菌作用及晶体表面缺陷等使其具有更好的抑菌性能。

6 结 论

本书以减少材料表面生物被膜黏附为主要切入点，研究了不同基底材料表面 ZnO 薄膜的制备以及 ZnO 薄膜的疏水性改善、抑制生物被膜黏附和抗菌性能。本书具体结论如下：

（1）sol-gel 法于 PAA 表面制备 ZnO 薄膜及 ZnO 薄膜的抑制生物被膜性能。二次阳极氧化时间影响 PAA 表面的微观形貌。基于 PAA 不同表面形貌的 ZnO 薄膜疏水性存在显著差异。具有六方形蜂巢状框架结构的 ZnO 薄膜经 1%Si69 乙醇溶液改性后获得接近超疏水的疏水性能。

具有接近超疏水性能的六方形蜂巢状框架结构的 ZnO 薄膜，在生物被膜的黏附和形成初期有效减少了细菌的黏附数量。其表面附着较多粒径约 20nm 的 ZnO 颗粒并表现出较强的抗菌作用。

（2）水热法于不锈钢基片表面制备 ZnO 薄膜及薄膜的抑制生物被膜性能。反应体系 pH 值影响不锈钢基片表面生长 ZnO 薄膜的微观形貌。pH 值增大，不锈钢表面生长的六棱柱状 ZnO 纳米棒长度增加。当反应体系 pH 值为 11.5 时，数根纳米棒于顶端集结成束，形成较为规则的微-纳米结构。此条件下制备的 ZnO 薄膜经硬脂酸改性后获得超疏水性能。

随着 Ag 修饰量的增加，Ag/ZnO 纳米棒在顶端集结成的纳米束间距增大，形成的微-纳米结构更均匀。改性后 ZnO 薄膜表面与水滴接触时产生更强大的"荷叶效应"，表现出超强的疏水性能。

ZnO 薄膜的超疏水性能有效地减少了生物被膜的黏附。Ag 修饰量影响其抑制生物被膜性能。ZnO 薄膜表面 Ag^+ 与 Zn^{2+} 溶出并与细菌体内活性蛋白酶相结合使其失去活性，最后导致细菌细胞被损坏直至死亡，表现出两者具有较强的协同抗菌作用。

（3）阴极电沉积法于钛基片表面制备 ZnO 薄膜及薄膜的抑制生物被膜性能。在 KCl 反应体系中，随着电沉积时间的延长，钛基片表面沉积 ZnO 的微观形貌由六棱柱状转为棒块状直至表面长出茸片。在 CH_3OONH_4 反应体系中，随着电沉积反应体系温度的升高，钛基片表面沉积 ZnO 的微观形貌由花墙状转为花墙-纳米棒混合状直至纳米棒状。

改性后，具有茸片状和花墙状微-纳米结构的 ZnO 薄膜获得接近超疏水或超疏水的表面性能，并且有效地减少了生物被膜的黏附量。更小纳米尺度的纳米片（茸片、花墙）状结构的 ZnO 薄膜的抗菌性能更优异。

综上所述，于基底材料表面构建具有复合微-纳米结构的 ZnO 薄膜，并通过嫁接疏水基团使其具有疏水-超疏水性能，有效地减少了被膜菌在材料表面的黏附量。具有更多、更小纳米尺度（颗粒、茸片、花墙等）ZnO 的薄膜材料抗菌性能更优异。Ag^+ 与 Zn^{2+} 具有较强的协同抗菌作用。

参 考 文 献

［1］ 马如璋，蒋民华，徐祖雄. 功能材料学概论［M］. 北京：冶金工业出版社，1999.

［2］ 田民波. 薄膜技术与薄膜材料［M］. 北京：清华大学出版社，2006.

［3］ Su S, Lu S X, Xu W G. Photocatalytic degradation of reactive brilliant blue X-BR in aqueous solution using quantum-sized ZnO［J］. Materials Research Bulletin, 2008, 43（8-9）: 2172-2178.

［4］ Daneshvar N, Salari D, Khataee A R. Photocatalytic degradation of azo dye acid red 14 in water on ZnO as an alternative catalyst to TiO$_2$［J］. Journal of Photochemistry and Photo-biology A: Chemistry, 2004, 162（2-3）: 317-322.

［5］ Portillo-Vélez N S, Bizarro M. Sprayed pyrolyzed ZnO films with nanoflake and nanorod morphologies and their photocatalytic activity［J］. Journal of Nanomaterials, 2016, 2016: 1-11.

［6］ Ghosh A, Mondal A. Fabrication of stable, efficient and recyclable p-CuO/n-ZnO thin film heterojunction for visible light driven photocatalytic degradation of organic dyes［J］. Materials Letters, 2016, 164: 221-224.

［7］ Dom R, Kim H G, Borse P H. Efficient hydrogen generation over（100）-oriented ZnO nanostructured photoanodes under solar light［J］. Crystengcomm, 2014, 16（12）: 2432-2439.

［8］ O'Regan B, Grätzel M. A low-cost, high-efficiency solar cell based on dye-sensitized colloidal TiO$_2$ films［J］. Nature, 1991, 353: 737-739.

［9］ Redmond G, Fitzmaurice D. Visible light sensti-zation by cis-Bis（thiocyanato）bis（2, 2″-bipyridyl-4, 4″-dicarboxylato）ruthenium（Ⅱ）of a transparent nanocrystalline ZnO films prepared by sol gel techniques［J］. Chemistry of Materials, 1994, 6（5）: 686-691.

［10］ Bedja I, Kamat P V, Hua X, et al. Photosensitization of nanocrystalline ZnO films by bis（2, 2′-bipyridine）（2, 2′-bipyridine-4, 4′-dicarboxylic acid）ruthenium（Ⅱ）［J］. Langmuir, 1997, 13（8）: 2398-2403.

［11］ Memarian N, Concina I, Braga A, et al. Hierarchically assembled ZnO nanocrystallites for high-efficiency dye-sensitized solar cells［J］. Angewandte Chemie International Edition, 2011, 50（51）: 12321-12325.

［12］ 杜丽媛，黄梓萱，韩雪，等. 大面积锌基染料敏化太阳能电池的制备与光伏性能研究［J］. 北京化工大学学报（自然科学版），2014（6）: 64-68.

［13］ Chang S M, Lin C L, Chen Y J, et al. Improved photovoltaic performances of dye-sensitized solar cells with ZnO films co-sensitized by metal-free organic sensitizer and N719 dye［J］. Organic Electronics, 2015, 25: 254-260.

[14] Lee C P, Chen P W, Li C T, et al. ZnO double layer film with a novel organic sensitizer as an efficient photoelectrode for dye-sensitized solar cells [J]. Journal of Power Sources, 2016, 325: 209-219.

[15] Ohashi H, Hagiwara M, Fujihara S. Solvent-assisted microstructural evolution and enhanced performance of porous ZnO films for plastic dye-sensitized solar cells [J]. Journal of Power Sources, 2017, 342: 148-156.

[16] Chang C C, Fang S K. A study of the design of ZnO thin film pressure sensors [J]. International Journal of Electronics, 2000, 87 (8): 1013-1023.

[17] Kuoni A, Holzherr R, Boillat M, et al. Polyimide membrane with ZnO piezoelectric thin film pressure transducers as a differential pressure liquid flow sensor [J]. Journal of Micro Mechanics and Micro Engineering, 2003, 13 (4): s103-s107.

[18] Zheng X J, Cao X C, Sun J, et al. A vacuum pressure sensor based on ZnO nanobelt film [J]. Nanotechnology, 2011, 22 (43): 435501.

[19] Sun J, Zhang X, Lang Y, et al. Piezo-phototronic effect improved performance of n-ZnO nano-arrays/p-Cu_2O film based pressure sensor synthesized on flexible Cu foil [J]. Nano Energy, 2017, 32: 96-104.

[20] Wang Y, Zhang S Y, Fan L, et al. Surface acoustic wave humidity sensors based on (11 (2) 0) ZnO piezoelectric films sputtered on R-sapphire substrates [J]. Chinese Physics Letters, 2015, 32 (8): 086802.

[21] Chu S Y, Chen T Y, Water W. The investigation of preferred orientation growth of ZnO films on the $PbTiO_3$-based ceramics and its application for SAW devices [J]. Journal of Crystal Growth, 2003, 257 (3-4): 280-285.

[22] Shih W C, Wang T L, Pen Y K. Enhancement of characteristics of ZnO thin film surface acoustic wave device on glass substrate by introducing an alumina film interlayer [J]. Applied Surface Science, 2012, 258 (14): 5424-5428.

[23] Du X Y, Fu Y Q, Tan S C, et al. ZnO film for application in surface acoustic wave device [J]. Journal of Physics: Conference Series, 2007, 76: 012035.

[24] Dayan N J, Sainkar S R, Karekar R N, et al. Formulation and characterization of ZnO: Sb thick-film gas sensors [J]. Thin Solid Films, 1998, 325: 254-258.

[25] Bender M, Gagaoudakis E, Douloufakis E, et al. Production and characterization of zinc oxide thin films for room temperature ozone sensing [J]. Thin Solid Films, 2002, 418: 45-50.

[26] Gruber D, Kraus F, Müller J. A novel gas sensor design based on $CH_4/H_2/H_2O$ plasma etched ZnO thin films [J]. Sensors and Actuators B: Chemical, 2003, 92 (1-2): 81-89.

［27］Zhu B L, Xie C S, Wang W Y, et al. Improvement in gas sensitivity of ZnO thick film to vola-
tile organic compounds (VOCs) by adding TiO_2 ［J］. Materials Letters, 2004, 58 (5):
624-629.

［28］Patil V L, Vanalakar S A, Patil P S, et al. Fabrication of nanostructured ZnO thin films based
NO_2 gas sensor via SILAR technique ［J］. Sensors and Actuators B: Chemical, 2017, 239:
1185-1193.

［29］Dixit S, Srivastava A, Shukla R K, et al. ZnO thick film based opto-electronic humidity sensor
for a wide range of humidity ［J］. Optical Review, 2007, 14 (4): 186-188.

［30］Tsai F S, Wang S J. Enhanced sensing performance of relative humidity sensors using laterally
grown ZnO nanosheets ［J］. Sensors and Actuators B: Chemical, 2014, 193: 280-287.

［31］Niarchos G, Dubourg G, Afroudakis G, et al. Humidity sensing properties of paper substrates
and their passivation with ZnO nanoparticles for sensor applications ［J］. Sensors, 2017,
17 (3): 516.

［32］Bartels H A. The effect of eugenol and oil of cloves on the growth of microorganisms ［J］. Oral
Surgery, Oral Medicine, and Oral Pathology, 1947, 33: 458-465.

［33］Jones N, Ray B, Ranjit K T, et al. Antibacterial activity of ZnO nanoparticle suspensions on a
broad spectrum of microorganisms ［J］. FEMS microbiology letters, 2008, 279 (1): 71-76.

［34］Zarrindokht E K. Antibacterial activity of ZnO nanoparticle on Gram-positive and Gram-negative
bacteria ［J］. African Journal of Microbiology Research, 2012, 5 (18): 1368-1373.

［35］Zhang L, Jiang Y, Ding Y, et al. Investigation into the antibacterial behaviour of suspensions of
ZnO nanoparticles (ZnO nanofluids) ［J］. Journal of Nanoparticle Research, 2006, 9 (3):
479-489.

［36］Tankhiwale R, Bajpai S K. Preparation, characterization and antibacterial applications of ZnO-
nanoparticles coated polyethylene films for food packaging ［J］. Colloids and Surfaces B: Bioint-
erfaces, 2012, 90: 16-20.

［37］Nawaz H R, Solangi B A, Zehra B. Preparation of nano zinc oxide and its application inleather
as a retanning and antibacterial agent ［J］. Canadian Journal on Scientific and Industrial Re-
search, 2011, 2 (4): 164-170.

［38］Lam K T, Hsiao Y J, Ji L W, et al. High-sensitive ultraviolet photodetectors based on ZnO
nanorods/CdS heterostructures ［J］. Nanoscale Res. Lett., 2017, 12 (1): 31.

［39］刘晗, 赵小龙, 彭文博, 等. 基于 CVD 自组装生长氧化锌半导体纳米结构的光电导紫外
探测器研究 ［J］. 人工晶体学报, 2014, 8: 1901-1905.

［40］Izaki M, Omi T. Transparent zinc oxide films prepared by electrochemical reaction ［J］. Applied

Physics Letters, 1996, 68 (17): 2439-2440.

[41] Chen Y, Hu Y, Zhang X, et al. Investigation of the properties of W-doped ZnO thin films with modulation power deposition by RF magnetron sputtering [J]. Journal of Materials Science: Materials in Electronics, 2016, 28 (7): 5498-5503.

[42] Liang S, Gorla C R, Emanetoglu N, et al. Epitaxial growth of (1120) ZnO on (0 1 1 2) Al$_2$O$_3$ by metalorganic chemical vapor deposition [J]. Journal of Electronic Materials 1998, 27 (11): L72.

[43] Cicek K, Karacali T, Efeoglu H, et al. Deposition of ZnO thin films by RF&DC magnetr-on sputtering on silicon and porous-silicon substrates for pyroelectric applications [J]. Sensors and Actuators A: Physical, 2017, 260: 24-28.

[44] Meng X, Zheng W, Ma L, et al. Influence of substrate temperature on structural, electrical, and optical properties of transparent conductive hydrogen and vanadium co-doped ZnO films fabricated by radiofrequency magnetron sputtering [J]. Optik-International Journal for Light and E-lectron Optics, 2017, 145: 561-568.

[45] Horwat D, Mickan M, Chamorro W. New strategies for the synthesis of ZnO and Al-doped ZnO films by reactive magnetron sputtering at room temperature [J]. Physica Status Solidi (C), 2016, 13 (10-12): 951-957.

[46] Francq R, Snyders R, Cormier P A. Structural and Morphological study of ZnO-Ag thin films synthesized by reactive magnetron co-sputtering [J]. Vacuum, 2017, 137: 1-7.

[47] Nomoto J, Makino H, Yamamoto T. Limiting factors of carrier concentration and transport of polycrystalline Ga-doped ZnO films deposited by ion plating with dc arc discharge [J]. Thin Solid Films, 2016, 601: 13-17.

[48] Rusu G G, Gîrtan M, Rusu M. Preparation and characterization of ZnO thin films prepared by thermal oxidation of evaporated Zn thin films [J]. Superlattices and Micro-structures, 2007, 42 (1-6): 116-122.

[49] Agarwal D C, Chauhan R S, Kumar A, et al. Synthesis and characterization of ZnO thin film grown by electron beam evaporation [J]. Journal of Applied Physics, 2006, 99 (12): 123105.

[50] Vakulov Z E, Zamburg E G, Khakhulin D A, et al. Thermal stability of ZnO thin films fabrica-ted by pulsed laser deposition [J]. Materials Science in Semiconductor Processing, 2017, 66: 21-25.

[51] Shewale P S, Yu Y S. UV photodetection properties of pulsed laser deposited Cu-doped ZnO thin film [J]. Ceramics International, 2017, 43 (5): 4175-4182.

[52] Wang S P, Shan C X, Yao B, et al. Electrical and optical properties of ZnO films grown by mo-

lecular beam epitaxy [J]. Applied Surface Science, 2009, 255 (9): 4913-4915.

[53] Peulon S, Lincot D. Mechanistic Study of Cathodic Electrodeposition of Zinc Oxide and Zinc Hydroxychloride Films from Oxygenated Aqueous Zinc Chloride Solutions [J]. Journal of The Electrochemical Society, 1998, 145 (3): 864-874.

[54] Pauporte T, Lincot D. Hydrogen peroxide oxygen precursor for zinc oxide electro-deposition Ⅱ — Mechanistic aspects [J]. Journal of Electroanalytical Chemstry, 2001, 517 (1-2): 54-62.

[55] Goh H S, Adnan R, Farrukh M A. ZnO nanoflake arrays prepared via anodization and their performance in the photodegradation of methyl orange [J]. Turkish Journal of Chemistry 2011, 35: 375-391.

[56] Zuo Y, Gong F T, Chang J Y. Preparation of C-oriented polycrystalline ZnO thin film by sol-gel technique [J]. Foundations and Advances, 1993, 49 (Supplement): c331.

[57] Fujihara S, Sasaki B, Kimura T. Preparation of Al-and Li-doped ZnO thin films by sol-gel method [J]. Key Engineering Materials, 2000, 0 (181-182): 109-112.

[58] Vergés M A, Mifsud A, Serna C J. Formation of rod-like zinc oxide microcrystals in homogeneous solutions [J]. Journal of the Chemical Society. Faraday Transactions, 1990, 86: 959-963.

[59] Vayssieres L, Keis K, Hagfeldt A, et al. Three-dimensional array of highly oriented crystalline ZnO microtubes [J]. Materials Chemistry and Physics, 2001, 13 (12): 4395-4398.

[60] 卢辉. 电沉积可控制备 ZnO 纳米阵列及其光电化学性质研究 [D]. 北京：北京科技大学, 2015.

[61] Seo J, Jeon G, Jang E S, et al. Preparation and properties of poly (propylene carbonate) and nanosized ZnO composite films for packaging applications [J]. Journal of Applied Polymer Science, 2011, 122 (2): 1101-1108.

[62] Cao Y, Chen T T, Wang W, et al. Construction and functional assessment of zein thin film incorporating spindle-like ZnO crystals [J]. RSC Advances, 2017, 7 (4): 2180-2185.

[63] Li Y, Zhang W, Niu J, et al. Mechanism of photogenerated reactive oxygen species and correlation with the antibacterial properties of engineered metal-oxide nanopa-rticles [J]. ACS Nano, 2012, 6 (6): 5164-5173.

[64] Xie Y, He Y, Irwin P L, et al. Antibacterial activity and mechanism of action of zinc oxide nanoparticles against Campylobacter jejuni [J]. Applied and Environmental Microbiology, 2011, 77 (7): 2325-2331.

[65] Fang M, Chen J H, Xu X L, et al. Antibacterial activities of inorganic agents on six bacteria associated with oral infections by two susceptibility tests [J]. International Journal of Antimicrobial Agents, 2006, 27 (6): 513-517.

［66］Adams L K, Lyon D Y, Alvarez P J. Comparative eco-toxicity of nanoscale TiO$_2$, SiO$_2$, and ZnO water suspensions ［J］. Water Research, 2006, 40 (19): 3527-3532.

［67］Lupan O, Chow L, Chai G. A single ZnO tetrapod-based sensor ［J］. Sensors and Actuators B: Chemical, 2009, 141 (2): 511-517.

［68］Matai I, Sachdev A, Dubey P, et al. Antibacterial activity and mechanism of Ag-ZnO nanocomposite on S. aureus and GFP-expressing antibiotic resistant E. coli ［J］. Colloids and Surfaces. B, Biointerfaces, 2014, 115: 359-367.

［69］Liu Y, He L, Mustapha A, et al. Antibacterial activities of zinc oxide nanoparticles against Escherichia coli O157: H7 ［J］. Journal of Applied Microbiology, 2009, 107 (4): 1193-1201.

［70］Jiang W, Mashayekhi H, Xing B. Bacterial toxicity comparison between nano- and micro-scaled oxide particles ［J］. Environmental Pollution, 2009, 157 (5): 1619-1625.

［71］Espitia P J P, Soares N d F F, Coimbra J S d R, et al. Zinc oxide nanoparticles: synthesis, antimicrobial activity and food packaging applications ［J］. Food and Bioprocess Technology, 2012, 5 (5): 1447-1464.

［72］Pal S, Tak Y K, Song J M. Does the antibacterial activity of silver nanoparticles depend on the shape of the nanoparticle? A study of the gram-negative bacterium Escherichia coli ［J］. Applied and Environmental Microbiology, 2007, 73 (6): 1712-1720.

［73］Xu X, Chen D, Yi Z, et al. , Antimicrobial mechanism based on H$_2$O$_2$ generation at oxygen vacancies in ZnO crystals ［J］. Langmuir, 2013, 29 (18): 5573-5580.

［74］Tong G X, Du F F, Liang Y, et al. Polymorphous ZnO complex architectures: selective synthesis, mechanism, surface area and Zn-polar plane-codetermining antibacterial activity ［J］. Journal of Materials Chemistry B, 2013, 1 (4): 454-463.

［75］Li G R, Hu T, Pan G L, et al. Comparing the toxic mechanism of synthesized zinc oxidenanomaterials by physicochemical ［J］. The Journal of Physical Chemistry C, 2008, 112 (31): 11859-11864.

［76］Talebian N, Amininezhad S M, Doudi M. Controllable synthesis of ZnO nanoparticles and their morphology-dependent antibacterial and optical properties ［J］. Journal of Photochemistry and Photobiology B: Biology, 2013, 120: 66-73.

［77］Tam K H, Djurišić A B, Chan C M N, et al. Antibacterial activity of ZnO nanorods prepared by a hydrothermal method ［J］. Thin Solid Films, 2008, 516 (18): 6167-6174.

［78］Padmavathy N, Vijayaraghavan R. Enhanced bioactivity of ZnO nanoparticles—an antimicrobial study ［J］. Science and Technology of Advanced Materials, 2008, 9 (3): 035004.

[79] Wang X, Yang F, Yang W, et al. A study on the antibacterial activity of one-dimensional ZnO nanowire arrays: effects of the orientation and plane surface [J]. Chemical Comm-unications, 2007, (42): 4419-4421.

[80] Bao J, Shalish 1, Su Z, et al. Photoinduced oxygen release and persistent photocon-ductivity in ZnO nanowires [J]. Nanoscale Research Letters, 2011, 6 (1): 404.

[81] Li Z Z, Zhang Y, Chen Z Z, et al. Synthesis of multi-shelled Mn-doped ZnO hollow spheres [J]. Journal of Inorganic Materials, 2009, 24 (6): 1263-1266.

[82] Shim K, Abdellatif M, Choi E, et al. Nanostructured ZnO films on stainless steel are highly safe and effective for antimicrobial applications [J]. Applied Microbiology and Biotechnology, 2017, 101 (7): 2801-2809.

[83] Liao W C, Lai C H, Chang Y Y, et al. Antimicrobial effects of Ag/TiO$_2$ compound coatings and ZnO films on titanium based surface [J]. World Congress on Medical Physics and Biomedical Engineering, 2009, 25: 29-32.

[84] 刘冠花, 王金清, 刘晓辉, 等. 钛合金表面纳米氧化锌薄膜制备及抗菌性研究 [J]. 中国现代医学杂志, 2014, 32: 1-4.

[85] Mosnier J P, O'Haire R J, McGlynn E, et al. ZnO films grown by pulsed-laser deposition on soda lime glass substrates for the ultraviolet inactivation of Staphylo-coccus epidermidis biofilms [J]. Science and Technology of Advanced Materials, 2009, 10 (4): 45003.

[86] Gittard S D, Perfect J R, Monteiro-Riviere N A, et al. Assessing the antimicrobial activity of zinc oxide thin films using disk diffusion and biofilm reactor [J]. Applied Surface Science, 2009, 255 (11): 5806-5811.

[87] Vähä-Nissi M, Pitkänen M, Salo E, et al. Antibacterial and barrier properties of oriented poly-mer films with ZnO thin films applied with atomic layer deposition at low tempera-tures [J]. Thin Solid Films, 2014, 562: 331-337.

[88] Yuvaraj D, Kaushik R, Narasimha Rao K. Optical, field-emission, and antimicrobial properties of ZnO nanostructured films deposited at room temperature by activated reactive evapo-ration [J]. ACS Applied Materials & Interfaces, 2010, 2 (4): 1019-1024.

[89] Vasanthi M, Ravichandran K, Jabena Begum N, et al. Influence of Sn doping level on antibac-terial activity and certain physical properties of ZnO films deposited using a simplified spray py-rolysis technique [J]. Superlattices and Microstructures, 2013, 55: 180-190.

[90] Manoharan C, Pavithra G, Dhanapandian S, et al. Effect of In doping on the properties and an-tibacterial activity of ZnO films prepared by spray pyrolysis [J]. Spectrochimica Acta Part A: Molecular and Biomolecular Spectroscopy, 2015, 149: 793-799.

［91］ Cruz-Reyes I, Morales-Ramírez A d J, Jaramillo-Vigueras D, et al. Antimicrobial activity of Pd-doped ZnO sol-gel-derived films ［J］. International Journal of Applied Ceramic Technology, 2015, 12 (5): 1088-1095.

［92］ Manoharan C, Pavithra G, Bououdina M, et al. Characterization and study of anti-bacterial activity of spray pyrolysed ZnO: Al thin films ［J］. Applied Nanoscience, 2015, 6 (6): 815-825.

［93］ Ravichandran K, Vasanthi M, Thirumurugan K, et al. Improving the electrical, magnetic and antibacterial properties of sol-gel spin coated ZnO thin films through (Sn + Mn) co-doping ［J］. Journal of Materials Science: Materials in Electronics, 2015, 26 (7): 5451-5458.

［94］ Snega S, Ravichandran K, Jabena Begum N, et al. Enhancement in the electrical and antibacterial properties of sprayed ZnO films by simultaneous doping of Mg and F ［J］. Journal of Materials Science: Materials in Electronics, 2012, 24 (1): 135-141.

［95］ Mohan R, Snega S, Ravichandran K, et al. Fabrication of double cation (Sn+Mg) activated ZnO thin films for environmental and health care applications ［J］. Journal of Materials Science: Materials in Electronics, 2016, 28 (5): 4414-4423.

［96］ Li S C, Li B, Qin Z J. The effect of the nano-ZnO concentration on the mechanical, antibacterial and melt rheological properties of LLDPE/modified nano-ZnO composite films ［J］. Polymer-Plastics Technology and Engineering, 2010, 49 (13): 1334-1338.

［97］ Oun A A, Rhim J W. Carrageenan-based hydrogels and films: Effect of ZnO and CuO nanoparticles on the physical, mechanical, and antimicrobial properties ［J］. Food Hydro-colloids, 2017, 67: 45-53.

［98］ Arfat Y A, Benjakul S, Prodpran T, et al. Physico-mechanical characterization and anti-microbial properties of fish protein isolate/fish skin gelatin-zinc oxide (ZnO) nano-composite films ［J］. Food and Bioprocess Technology, 2015, 9 (1): 101-112.

［99］ Wang Y, Ma J, Xu Q, et al. Fabrication of antibacterial casein-based ZnO nanocomposite for flexible coatings ［J］. Materials & Design, 2017, 113: 240-245.

［100］ Wang Y, Zhang Q, Zhang C L, et al. Characterisation and cooperative antimicrobial properties of chitosan/nano-ZnO composite nanofibrous membranes ［J］. Food Chemistry, 2012, 132 (1): 419-427.

［101］ Han A, Li X, Huang B, et al. The effect of titanium implant surface modification on the dynamic process of initial microbial adhesion and biofilm formation ［J］. International Journal of Adhesion and Adhesives, 2016, 69: 125-132.

［102］ Ionescu A C, Hahnel S, Cazzaniga G, et al. Streptococcus mutans adherence and biofilm formation on experimental composites containing dicalcium phosphate dihydrate nano-particles [J]. Journal of Materials Science: Materials in Medicine, 2017, 28 (7): 108.

[103] Katsikogianni M, Missirlis Y F. Concise review of mechanisms of bacterial adhesion to biomaterials and of techniques used in estimating bacteriamaterial interactions interac-tions [J]. European Cells and Materials, 2004, (8): 37-57.

[104] Ajay V S, Varun V, Rajendra P. Quantitative characterization of the influence of the nanoscale morphology of nanostructuredsurfaces on bacterial adhesion and biofilm formation [J]. Bacteria Adhesion on Nanostructured Surfaces, 2011, (6): e25029.

[105] Schwarz F, Sculean A, Wieland M, et al. Effects of hydrophilicity and microtopogra-phy of titanium implant surfaces on initial supragingival plaque biofilm formation. A pilot study [J]. Oral and Maxillofacial Surgery: MKG, 2007, 11 (6): 333-338.

[106] Bonsaglia E C R, Silva N C C, Fernades Júnior A, et al. Production of biofilm by Lister-ia monocytogenes in different materials and temperatures [J]. Food Control, 2014, 35 (1): 386-391.

[107] Lee J S, Bae Y M, Lee S Y, et al. Biofilm formation of staphylococcus aureus on various surfaces and their resistance to chlorine sanitizer [J]. Journal of Food Science, 2015, 80 (10): M2279-2286.

[108] Jindal S, Anand S, Huang K, et al. Evaluation of modified stainless steel surfaces target-ed to reduce biofilm formation by common milk sporeformers [J]. Journal of Dairy Science, 2016, 99 (12): 9502-9513.

[109] Liu D Z, Jindal S, Amamcharla J, et al. Short communication: Evaluation of a sol-gel-based stainless steel surface modification to reduce fouling and biofilm formation during pasteurization of milk [J]. Journal of Dairy Science, 2017, 100 (4): 2577-2581.

[110] Li M, Nan L, Xu D, et al. Antibacterial performance of a Cu-bearing stainless steel against microorganisms in tap water [J]. Journal of Materials Science & Technology, 2015, 31 (3): 243-251.

[111] Yasuyuki M, Kunihiro K, Kurissery S, et al. Antibacterial properties of nine pure metals: a laboratory study using Staphylococcus aureus and Escherichia coli [J]. Biofouling, 2010, 26 (7): 851-858.

[112] Kucuk D, Balci O, Tutak M. In-situ coated of Ag, ZnO, Ag/ZnO composite nano parti-cles to the technical fiber by hydrothermal method [J]. International Journal of Clothing Science & Technology, 2016, 28 (3): 340-367.

[113] Barthlott W, Neinhuis C. Purity of the sared lotus or escape from contamination in bio-logical

surface [J]. Planta, 1997, 202 (1): 1-8.

[114] Wang N, Xiong D, Deng Y, et al. Mechanically robust superhydrophobic steel surface with anti-icing, UV-durability and corrosion resistance properties [J]. ACS Applied Materials & Interfaces, 2015, 7 (11): 6260-6272.

[115] Shiu J Y, Kuo C W, Chen P. Fabrication of tunable superhydrophobic surfaces by Nano-sphere Lithography [C]. Proceedings of SPIE-The International Society for Optical Engineering, 2005, 5648: 325-332.

[116] Gao J, Li Y, Li Y, et al. Mechanically robust superhydrophobic surface of stearic acid grafted zinc by using an aqueous plasma etching technique [J]. Central European Journal of Chemistry, 2012, 10 (6): 1766-1772.

[117] Gao H, Lu S X, Xu W G, et al. Controllable fabrication of stable superhydrophobic surfaces on iron substrates [J]. RSC Advances, 2015, 5 (51): 40657-40667.

[118] Latthe S S, Lmai H, Ganesan V, et al. Superhydrophobio silica films by sol-gel coprec-ursor method [J]. Applied Surfacescience, 2009, 256 (1): 217-222.

[119] Kim A, Lee C, Kim H, et al. Simple approach to superhydrophobic nanostructured Al for practical antifrosting application based on enhanced self-propelled jumping droplets [J]. ACS Applied Materials and Interfaces, 2015, 7 (13): 7206-7213.

[120] Xu L Y, Zhu D D, Lu X M, et al. Transparent, thermally and mechanically stable super-hy-drophobic coating prepared by an electrochemical template strategy [J]. Journal of Materials Chemistry A, 2015, 3 (7): 3801-3807.

[121] 陈晓航, 陈寞静, 闵宇霖, 等. 水热法制备铝合金超疏水表面及电化学性能研究 [J]. 电化学, 2018, (1): 28-35.

[122] Dai C, Liu N, Cao Y, et al. Fast formation of superhydrophobic octadecylphosphonic acid (ODPA) coating for self-cleaning and oil/water separation [J]. Soft Matter, 2014, 10 (40): 8116-8121.

[123] Pedimonte B J, Moest T, Luxbacher T, et al. Morphological zeta-potential variation of nanopo-rous anodic alumina layers and cell adherence [J]. Acta Biomaterialia, 2014, 10 (2): 968-974.

[124] Ferraz N, Hong J, Santin M, et al. Nanoporosity of alumina surfaces induces different patterns of activation in adhering monocytes/macrophages [J]. International Journal of Biomaterials, 2010, 2010: 402715.

[125] Feng G, Cheng Y, Wang S Y, et al. Alumina surfaces with nanoscale topography reduce at-tachment and biofilm formation by Escherichia coli and Listeria spp [J]. Biofouling, 2014,

30（10）：1253-1268.

［126］ Hu H, Qiao Y, Meng F, et al. Enhanced apatite-forming ability and cytocompatibility of porous and nanostructured $TiO_2/CaSiO_3$ coating on titanium［J］. Colloids and Surfaces. B：Biointerfaces, 2013, 101：83-90.

［127］ Masuda H, Fukuda K. Ordered metal nanohole arrays made by a two-step replication of honey-comb structures of anodia alumina［J］. Science, 1995, 268（5216）：1466.

［128］ 王荔. Cid/Lrg 调节系统对表皮葡萄球菌临床株生物被膜形成的调控机制的研究［D］. 天津：天津医科大学, 2012.

［129］ Spanhel L, Anderson M A. Semiconductor clusters in the sol-gel Process：quantized aggrega-tion, gelation, and crystal growth in concentrated ZnO colloids［J］. Journal of the American Chemical Society, 1991, 113：2826-2833.

［130］ Hosono E, Fujihara S, Kimura T, et al. Non-basic solution routes to prepare ZnO nano-parti-cles［J］. Journal of Sol-Gel Science and Technology, 2004, 29（2）：71-79.

［131］ Briois V, Tokumoto M S, Pulcinelli S H, et al. Response to comment on catalysis and temper-ature dependence on the formation of ZnO nanoparticles and of zinc acetate derivatives prepared by the sol-gel route［J］. Journal of Physical Chemistry B. Washing-ton：American Chemical Society, 2004, 108（39）：15436-15437.

［132］ Yang R D, Li Y, Sue H J. Growth of zinc oxide nanorods in alocohol solution［J］. MRS Online Proceedings Library, 2003, 775：P9. 43. 41-44.

［133］ Hu Z, Oskam G, Searson P C. Influence of solvent on the growth of ZnO nanoparticles［J］. Journal of Colloid and Interface Science, 2003, 263（2）：454-460.

［134］ 吕林林. 纳米氧化锌的制备、掺杂及性能研究［D］. 长沙：中南大学, 2009.

［135］ 姚素薇, 孔亚西, 张璐. 高度有序多孔阳极氧化铝膜形成机理的探讨［J］. 功能材料, 2006, 37（1）：113-116.

［136］ Wu G S, Xie T, Yuan X Y, et al. Controlled synthesis of ZnO nanowires or nanotubes via sol-gel template process［J］. Solid State Communications, 2005, 134（7）：485-489.

［137］ Sun T, Wu C L, Hao H, et al. Preparation and preservation properties of the chitosan coatings modified with the in situ synthesized nano SiO_x［J］. Food Hydrocolloids, 2016, 54：130-138.

［138］ 孟令芝, 何永炳. 有机波谱分析［M］. 武汉：武汉大学出版社, 1997.

［139］ Jensen J O. Vibrational frequencies and structural determinations of 1, 4-diselenane［J］. Journal of Molecular Structure（Theochem）, 2002, 589-590：379-392.

［140］ Wang T, Chang L, Hatton B, et al. Preparation and hydrophobicity of biomorphic ZnO/carbon based on a lotus-leaf template [J]. Materials Science & Engineering: C, Materials for Biological Applications, 2014, 43: 310-316.

[141] Devi P G, Velu A S. Synthesis, structural and optical properties of pure ZnO and Co doped ZnO nanoparticles prepared by the co-precipitation method [J]. Journal of Theoretical and Applied Physics, 2016, 10 (3): 233-240.

[142] 王振华. 橡胶纳米增强机理及新型增强导热橡胶复合材料的制备、结构与性能研究 [D]. 北京: 北京化工大学, 2010.

[143] Turetgen I. Reduction of microbial biofilm formation using hydrophobic nano-silica coating on cooling tower fill material [J]. Water SA, 2015, 41 (3): 295.

[144] Schaer T P, Stewart S, Hsu B B, et al. Hydrophobic polycationic coatings that inhibit biofilms and support bone healing during infection [J]. Biomaterials, 2012, 33 (5): 1245-1254.

[145] Ahmad M, Ahmed E, Zhang Y, et al. Preparation of highly efficient Al-doped ZnO photocatalyst by combustion synthesis [J]. Current Applied Physics, 2013, 13 (4): 697-704.

[146] Van Houdt R, Michiels C W. Role of bacterial cell surface structures in Escherichia coli biofilm formation [J]. Research in Microbiology, 2005, 156 (5-6): 626-633.

[147] Dai Y, Sun T, Zhang Z, et al. Effect of zinc oxide film morphologies on the formation of Shewanella putrefaciens biofilm [J]. Biointerphases, 2017, 12 (1): 11002.

[148] 王元清, 袁焕鑫, 石永久, 等. 不锈钢结构的应用和研究现状 [J]. 钢结构, 2010, 2: 1-12, 18.

[149] 郑增, 王联凤, 严彪. 3D 打印金属材料研究进展 [J]. 有色金属材料与工程, 2016, 1: 57-60.

[150] Zhan W, Ni H, Chen R, et al. Formation of nanopore arrays on stainless steel surface by anodization for visible-light photocatalytic degradation of organic pollutants [J]. Journal of Materials Research, 2012, 27 (18): 2417-2424.

[151] 倪红卫, 詹玮婷, 墙蔷, 等. 银离子注入剂量对 $2Cr_{13}Ni_2$ 不锈钢耐蚀性能的影响研究 [J]. 功能材料, 2008, 11: 1897-1899.

[152] 刘红霞, 周圣明, 李抒智, 等. 柱状 ZnO 阵列薄膜的生长及其发光特性 [J]. 物理学报, 2006, 3: 1398-1401.

[153] Greene L, Law M, Tan D, et al. General route to vertical ZnO nanowire arrays using textured ZnO seeds [J]. Nano Letters, 2005, 5 (7): 1231-1236.

[154] 徐晓雷, 贺旭涛, 符小艺, 等. Ni^{2+} 掺杂氧化锌阵列膜的水热合成及性能表征 [J]. 人工晶体学报, 2014, 3: 502-507.

[155] Izaki M, Watase S, Takahashi H. Room-temperature ultraviolet light-emitting zinc oxide mi-

cropatterns prepared by low-temperature electrodeposition and photoresist [J]. Applied Physics Letters, 2003, 83 (24): 4930-4932.

[156] 刘宽菲, 武卫兵, 陈晓东, 等. 水热法制备 ZnO 纳米棒薄膜及其机理 [J]. 济南大学学报 (自然科学版), 2013, 4: 363-368.

[157] 马娟, 宋凤丹, 周泽齐, 等. 一维有序 ZnO 纳米棒阵列的制备和优化 [J]. 物理化学学报, 2015, 11: 2213-2219.

[158] 聂天琛, 姚超, 李锦春, 等. 硬脂酸对纳米 ZnO 的有机表面修饰研究 [J]. 日用化学工业, 2008, 1: 16-19.

[159] 郑炳云, 胡松涛, 李先学, 等. 硬脂酸修饰纳米氧化锌的制备及可见光光催化性能研究 [J]. 应用化工, 2014, 6: 982-985.

[160] Capelle H A, Britcher L G, Morris G E. Sodium stearate adsorption onto titania pigment [J]. Journal of Colloid and Interface Science, 2003, 268 (2): 293-300.

[161] 邹玲, 乌学东, 陈海刚, 等. 表面修饰二氧化钛纳米粒子的结构表征及形成机理 [J]. 物理化学学报, 2001, 4: 305-309.

[162] Baeyer V, Christian H. The lotus effect [J]. Sciences, 2000, 40 (1): 12.

[163] Karunakaran C, Rajeswari V, Gomathisankar P. Optical, electrical, photocatalytic, and bactericidal properties of microwave synthesized nanocrystalline Ag-ZnO and ZnO [J]. Solid State Sciences, 2011, 13 (5): 923-928.

[164] 陈先梅, 王晓霞, 郜小勇, 等. 掺银氧化锌纳米棒的水热法制备研究 [J]. 物理学报, 2013, 5: 300-307.

[165] Damen T C, Porto S P S, Tell B. Raman effect in zinc oxide [J]. Physical Review, 1966, 142 (2): 570-574.

[166] Wang J B, Zhong H M, Li Z F, et al. Raman study for E_2 phonon of ZnO in $Zn_{1-x}Mn_xO$ nanoparticles [J]. Journal of Applied Physics, 2005, 97 (8): 086105.

[167] Huang Y, Liu M, Li Z, et al. Raman spectroscopy study of ZnO-based ceramic films fabricated by novel sol-gel process [J]. Materials Science and Engineering. B: Solid State Materials for Advanced Technology, 2003, B97 (2): 111-116.

[168] Bundesmann C, Ashkenov N, Schubert M, et al. Raman scattering in ZnO thin films doped with Fe, Sb, Al, Ga, and Li [J]. Applied Physics Letters, 2003, 83 (10): 1974-1976.

[169] Wang X B, Song C, Geng K W, et al. Luminescence and Raman scattering properties of Ag-doped ZnO films [J]. Journal of Physics D: Applied Physics, 2006, 39 (23): 4992-4996.

[170] Jan T, Iqbal J, Ismail M, et al. Synthesis of highly efficient antibacterial agent Ag doped ZnO nanorods: Structural, Raman and optical properties [J]. Journal of Applied Physics, 2014,

115 （15）：154308.

［171］ Sun X H，Cao R Y，Wu Y X，et al. Ethanol thermal synthesis and antibacterial properties of Ag modified ZnO nanorods ［J］. Materials Technology，2013，29 （2）：105-111.

［172］ Gordin D M，Ion R，Vasilescu C，et al. Potentiality of the "Gum Metal" titanium-based alloy for biomedical applications ［J］. Materials Science & Engineering C：Materials for Biological Applications，2014，44：362-370.

［173］ Elias C N，Lima J H C，Valiev R，et al. Biomedical applications of titanium and its alloys ［J］. Journal of the Minerals，Metals and Materials Society，2008，60 （3）：46-49.

［174］ Lu Y，Xu W，Song J，et al. Preparation of superhydrophobic titanium surfaces via electrochemical etching and fluorosilane modification ［J］. Applied Surface Science，2012，263：297-301.

［175］ Chen Q，Liu D，Gong Y，et al. Modification of titanium surfaces via surface-initiated atom transfer radical polymerization to graft PEG-RGD polymer brushes to inhibit bacterial adhesion and promote osteoblast cell attachment ［J］. Journal of Wuhan Univer-sity of Technology-Mater. Sci. Ed. ，2017，32 （5）：1225-1231.

［176］ Yoshida T，Komatsu D，Shimokawa N，et al. Mechanism of cathodic electrodeposition of zinc oxide thin films from aqueous zinc nitrate baths ［J］. Thin Solid Films，2004，451-452：166-169.

［177］ Mahalingam T，John V S，Raja M，et al. Electrodeposition and characterization of trans-parent ZnO thin films ［J］. Solar Energy Materials and Solar Cells，2005，88 （2）：227-235.

［178］ Xu L，Guo Y，Liao Q，et al. Morphological control of ZnO nanostructures by electro-deposiyion ［J］. Journal of Physical Chemistry B，2005，109 （28）：13519-13522.

［179］ Pradhan D，Kumar M，Ando Y，et al. One-dimensional and two-dimensional ZnO nano struc-tured materials on a plastic substrate and their field emission properties ［J］. The Journal of Physical Chemistry C，2008，112 （18）：7093-7096.

［180］ 罗曼，关平，刘文汇，等. 几种饱和脂肪酸及其盐的拉曼光谱研究 ［J］. 光谱学与光谱分析杂志，2006，11：2030-2035.

［181］ Bohinc K，Dražić G，Fink R，et al. Available surface dictates microbial adhesion capac-ity ［J］. International Journal of Adhesion and Adhesives，2014，50：265-272.

［182］ 周绍民. 金属电沉积——原理与研究方法 ［M］. 上海：上海科学技术出版社，1987.

［183］ Kıcır N，Tüken T，Erken O，et al. Nanostructured ZnO films in forms of rod，plate and flow-er：Electrodeposition mechanisms and characterization ［J］. Applied Surface Science，2016，377：191-199.

[184] Neinhuis C, Barthlott W. Characterization and distribution of water-repellent, self cleaning plant surfaces [J]. Annals of Botany, 1997, 79 (6): 667-677.

[185] Yao J, Wang J, Yu Y, et al. Biomimetic fabrication and characterization of an artificial rice leaf surface with anisotropic wetting [J]. Chinese Science Bulletin, 2012, 57 (20): 2631-2634.